CCUS安全风险管控丛书

碳捕集、利用与封存(CCUS)安全风险防控技术

杜 勇 杨 雷 李山川 等著

中国石化出版社

·北京·

内 容 提 要

　　本书是为石油石化行业涉 CCUS 岗位人员专门编写的培训教材，内容包括 CCUS 产业各环节(二氧化碳捕集、二氧化碳运输、二氧化碳注入、二氧化碳驱油集中处理)的工艺流程与技术、主要设备设施、运行过程管理、主要风险及管控措施及应急处置等。

　　本书内容全面、系统、可读性强，特别适合作为石油石化行业 CCUS 专业技术人员、岗位操作人员学习安全风险防控技术的培训教材。

图书在版编目(CIP)数据

　　碳捕集、利用与封存(CCUS)安全风险防控技术 / 杜勇等著. —北京: 中国石化出版社, 2024.4
　(CCUS 安全风险管控丛书)
　ISBN 978-7-5114-7472-8

　Ⅰ. ①碳… Ⅱ. ①杜… Ⅲ. ①石油工业-二氧化碳-收集-安全管理-风险管理-研究-中国 Ⅳ. ①X701.7

中国国家版本馆 CIP 数据核字(2024)第 061755 号

中国石化出版社出版发行

地址:北京市东城区安定门外大街 58 号
邮编:100011　电话:(010)57512500
发行部电话:(010)57512575
http://www.sinopec-press.com
E-mail:press@sinopec.com
北京科信印刷有限公司印刷
全国各地新华书店经销
*
710 毫米×1000 毫米 16 开本 11.5 印张 148 千字
2024 年 4 月第 1 版　2024 年 4 月第 1 次印刷
定价:69.00 元

随着"温室效应和全球气候变暖"等一系列因二氧化碳导致的全球性问题的日益加剧，减碳、降碳、"双碳"目标等词汇也逐渐进入大众视野。针对这一问题诞生的碳捕集与封存(CCS)技术和碳捕集、利用与封存(CCUS)技术，逐渐受到世界各国的高度重视。世界各国在纷纷加大研发力度的同时，也进行了许多项目先导试验、产业化发展的大胆尝试，在二氧化碳驱油技术等方面也取得了一定的进展，在技术应用方面也积累了许多宝贵的经验。机遇与挑战并存，在我国CCUS产业化发展的进程中不可忽视的，同时也是管理过程中最为重要的安全风险管理，成为目前我们关注和研究的重点。

鉴于此，中国石油化工股份有限公司胜利油田分公司CCUS项目部基于国内最大的碳捕集、利用与封存全产业链示范基地、国内首个百万吨级CCUS项目"齐鲁石化—胜利油田百万吨级CCUS项目"的建设运行情况编著本丛书。本丛书包含两个分册：《碳捕集、利用与封存(CCUS)安全风险管理基础》，主要包括CCUS基础知识、CCUS工业化历程、CCUS风险识别、CCUS安全管理、CCUS应急管理等内容，主要作为石油石化行业CCUS安全基础知识普及培训教材，同时也可供相关经营管理人员、专业技术人员参考学习；《碳捕集、利用与封存(CCUS)安全风险防控技术》，主要包括二氧化碳捕集风险防控、二氧化碳运输风险防控、二氧化碳注入站场风险防控、二氧化碳驱油注入采出井场风险防控、二氧化碳驱油集中处理回注风险防控等内容，主要作为石油石化行业CCUS风险防控技术培训教材，同时也可供相关专业技术人员、岗位操作人员参考学习。

本书由杜勇对全书编著进行规划和指导；杨雷组织进行编著；李山川负责第一章和第四章编著；赵铁军负责第二章编著；宋宝林负责第三章编著；许佳文负责第五章编著。杨雷、李山川、汪海鹏、刘杰等同志参与全书的统稿与修改。本书的编写还得到了胜利油田孙建奎、成士兴、赵延茂、王海滨、赵金胜、杨邦贵、王东、孙宇鹏、巩汉强、霍明、黎增武、刘鹏等同志的大力帮助，提出了许多宝贵的建议，在此一并表示感谢。

在本书编写过程中，笔者参考了大量的标准、文献资料和教材，汲取了各方面诸多专家的成果。对此，在该书的参考文献中尽可能地予以列举，并谨向有关作者、编者表示深深谢意，并向出版单位致敬。特别感谢中国石化华东油气勘探开发管理部副经理梁珀同志无私提供的相关资料。

由于作者水平有限，不妥及疏漏之处在所难免，敬请广大读者批评指正。

目 录

第一章

二氧化碳捕集
风险防控

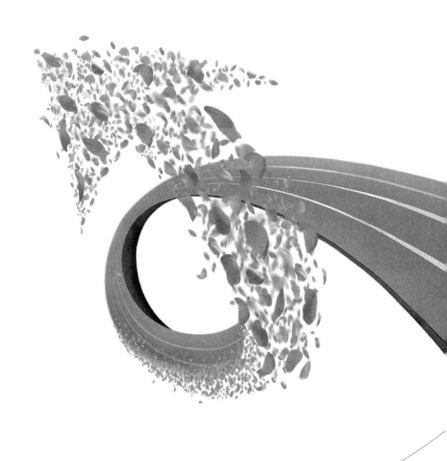

根据二氧化碳原料气组成，常用的二氧化碳回收工艺技术主要分为吸收法、变压（变温）吸附法、液化提纯法、膜分离法等方法或是几种方法的不同组合。不同的生产工艺具有各自特点，适用不同的使用环境。结合国内 CCUS 实际，本章主要讲述采用中压法液化提纯工艺的高浓度捕集和采用化学吸收工艺的低浓度捕集的风险防控。

第一节　高浓度二氧化碳捕集风险防控

中压法液化提纯工艺是采用专用无油二氧化碳压缩机将二氧化碳压缩至 1.6~2.5MPa，净化后，由冷冻系统提供冷量将其液化，冷凝温度为 -25~-12℃，密度为 994~1052kg/m³，在此工况下的二氧化碳液体便于大罐储存和槽车运输。用上述方法净化液化后纯度可达 99.98% 以上。二氧化碳纯度高、储存效率较高、使用方便，国内外多选用这一工艺方法进行高浓度二氧化碳捕集。

一、高浓度二氧化碳捕集工艺流程与技术

1. 工艺流程

二氧化碳原料气为气体联合车间净化装置通过低温甲醇洗得到的二氧化碳尾气。二氧化碳原料气首先进入压缩单元增压，并经过溴化锂冷却水机组回收余热制冷，再依次进入干燥脱水、液化提纯系统，在低温条件下冷凝液化，并经精馏提纯后获得液态二氧化碳产品；塔顶不凝尾气先进入膨胀机膨胀，再经二氧化碳产品过冷器、二氧化碳预冷器、再生气/不凝气换热器充分回收冷量后排放至新风补充单元和后续 RCO 装置；来自液化提纯单元的二氧化碳储存于二氧化碳储罐，经二氧化碳装车泵输送至装车台经二氧化碳装车鹤管装车外送。其中，液化二氧化碳的冷量由丙烯制冷机组和溴化锂冷水机组提供（图 1-1）。

2. 工艺技术

首先，将二氧化碳原料气降温至临界温度以下，即 31℃ 以下，加压二氧化碳原料气大于饱和蒸气压，由气态变为液态。气体通过膨胀机对外做功造成气体自身压力、温度降低，焓值减小，使它增加吸热能

力。由于不凝气气体在膨胀机内绝热膨胀对外做功，为系统提供足够的冷量，其可达到足够低的温度。整个深冷分离系统不需要输入额外的动力，可充分利用尾气的压力能。

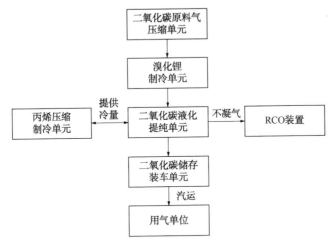

图1-1　中压法液化提纯工艺二氧化碳捕集流程图

其次，冷水在蒸发器内被来自冷凝器减压节流后的低温冷剂水冷却，冷剂水自身吸收冷水热量后蒸发，成为冷剂蒸气，进入吸收器内，被浓溶液吸收，浓溶液变成稀溶液。吸收器里的稀溶液由溶液泵送往热交换器、热回收器后温度升高，最后进入再生器，在再生器中稀溶液被加热，成为最终浓溶液。浓溶液流经热交换器，温度被降低，进入吸收器，滴淋在冷却水管上，吸收来自蒸发器的冷剂蒸气，成为稀溶液。在再生器内，外部高温水加热溴化锂溶液后产生的水蒸气，进入冷凝器被冷却，经减压节流，变成低温冷剂水。进入蒸发器，滴淋在冷水管上，冷却进入蒸发器的冷水。该系统由两组再生器、冷凝器、蒸发器、吸收器、热交换器、溶液泵及热回收器组成，并且依靠热源水、冷水的串联将这两组系统有机地结合在一起，通过对高温侧、低温侧溶液循环量和制冷量的最佳分配，实现温度、压力、浓度等参数在两个循环之间的优化配置，并且最大限度地利用热源水的热量，使热水温度降到80℃，以上循环如此反复进行，最终达到制取低温冷水的目的。

再次，溴化锂冷水机组以水为制冷剂，以溴化锂水溶液为吸收剂，制取0℃以上的低温水。溴化锂具有极强的吸水性，在一般的高温下对溴化锂水溶液加热时，可以认为仅产生水蒸气。但溴化锂在水中的溶解度是随温度的降低而降低的，溶液的浓度不宜超过50%，当溶液温度降低时，将溴化锂结晶析出的危险性会破坏循环的正常运行。溴化锂水溶液的水蒸气分压，比同温度下纯水的饱和蒸气压小得多，故在相同压力下，溴化锂水溶液具有吸收温度比它低得多的水蒸气的能力，这是溴化吸收式制冷的机理之一。

最后，丙烯制冷机组主要利用丙烯汽化吸热达到制冷的目的。液态丙烯在对应的换热器内部汽化吸热以后，返回到丙烯制冷单元。通过入口分离器进行气液相分离，气态丙烯进入压缩机进行压缩，被夹带的少量液态丙烯混合后由泵直接送入丙烯中间罐。根据饱和蒸气压曲线，此时丙烯在40℃即可液化，循环水可对其进行冷却使其液化。在分别经过冷却器和冷凝器液化以后，液态丙烯进入丙烯中间罐进行储存，可以根据实际情况及时调整丙烯含量。

二、高浓度二氧化碳捕集主要设备设施

高浓度二氧化碳捕集涉及的主要设备设施包括容器、塔器、换热器、过滤器、机泵、压缩机、风机、膨胀发电机、丙烯制冷机组、溴化锂冷水机组等。

压缩单元：包括原料气缓冲罐、二氧化碳压缩机、气体冷却器、冷凝器等，对二氧化碳原料气进行增压和降温。

液化提纯单元：包括分子筛、二氧化碳液化器、提纯塔、风机和尾气缓冲罐，对原料气进行深度脱水、液化及提纯。

制冷单元：包括离心式丙烯制冷机组和溴化锂冷水机组，制冷机组负责给液化器和塔顶冷凝器提供必要的冷量。

罐区单元：将来自液化提纯单元的二氧化碳储存于二氧化碳储罐，经二氧化碳装车泵输送至装车台经二氧化碳装车鹤管装车外送。

三、高浓度二氧化碳捕集主要风险及管控措施

1. 高浓度二氧化碳捕集主要风险

（1）火灾爆炸

① 丙烯。高浓度捕集过程中所用冷媒为丙烯，主要用于制冷单元和液化提纯单元，属于重点监管的危险化学品。该物质为易燃、易爆物

品，火灾危险类别为甲$_A$，闪点为–108℃，自燃温度455℃，爆炸极限2.4%~10.3%。密度大于空气，一旦泄漏，极易聚集在低洼处，形成具有爆炸危险的混合物，遇热源和明火有燃烧爆炸的危险。制冷单元有螺杆式丙烯压缩机，作为主要转动设备，其正常、平稳运行格外重要，必须严格执行压缩机正常运行的各种规定，发生故障要及时、有效、正确处理。

② 乙二醇。溴化锂冷水机组采用乙二醇溶液，乙二醇火灾危险类别为丙$_A$，闪点为110℃，爆炸极限3.2%~15.3%，遇明火、高热或与氧化剂接触，有引起燃烧爆炸的危险。

③ 物理爆炸。管线或者设备可能因操作不当发生超温、超压而发生物理爆炸；如果安全阀在运行期间未定期检验，导致安全阀在达到起跳压力时不能及时起跳，会导致设备因超压发生物理爆炸；管线或设备会因选材不当、材料存在缺陷等原因导致物理爆炸的发生。

（2）窒息中毒

① 二氧化碳。生产的主要物料为二氧化碳，当空气中二氧化碳超过正常含量时，就会对人体产生危害。气体二氧化碳无色无味，密度比空气大、易积聚、不易扩散，在密闭空间内可使人窒息死亡。二氧化碳无毒，但空气中浓度超过3%时出现呼吸困难、头痛、眩晕、呕吐等；10%以上时出现视力障碍、痉挛、呼吸加快、血压升高、意识丧失；35%以上时，则出现中枢神经的抑制、昏睡、痉挛、窒息致死。

② 丙烯。丙烯是一种低毒性气体，急性中毒表现为：人吸入丙烯可引起意识丧失，当浓度为15%时，需30min；浓度为24%时，需3min；浓度为35%~40%时，需20s；浓度为40%以上时，仅需6s，并引起呕吐。慢性影响表现为：长期接触可引起头昏、乏力、全身不适、思维不集中，个别人胃肠道功能发生紊乱，职业性接触毒物危害程度分级为Ⅳ级。

（3）电气危害

装置中的机泵、照明、仪表等用电设备，若维护不当，电缆绝缘老化，接地失灵、保护装置失效等，将会发生电气火灾和人员触电的危险。电气设备及导体在生产运行中，由于产品质量不佳，电气设备绝缘不合格或对其使用不当；绝缘老化漏电；维护检修安全距离不够；电气设备及导体现场标志不符合要求；保护失灵；违章使用不合格的绝缘工器具进行操作；使用无漏电保护器的移动式机电设备；由于电气设备接地（接零）不良或不当等原因，若人体不慎触及带电体或过分靠近带电部分，都有可能发生电击或电伤的触电伤害事故。装置中所有高、低压电气设施（开关、电缆、变压器等）若使用中长期超负荷、接触不良、绝缘破坏造成短路而产生弧光引燃其本身可燃的绝缘材料和装置附近因泄漏等原因存在的易燃可燃物质，可能引发电气火灾。

（4）其他主要风险

① 噪声危害。装置内的噪声危害源自机械传动设备的运行，液体、气体的运动，如：压缩机、机泵、风机及风送系统等。蒸汽放空、开车时气体放空是间断性噪声源。

② 高处坠落。操作人员定时巡检，或进行室外操作时，需要上钢梯、走平台，跨越管道，处于高处作业状态，存在坠落危险。

③ 烫伤、冻伤。正常生产时，部分物料温度较高，如中压蒸汽、干燥系统的再生气等，如果防护不当或发生泄漏，接触者可能会造成烫伤危害。工艺生产装置和罐区及装车设施等处存在大量低温丙烯及二氧化碳，如果防护不当或发生泄漏，接触者可能会造成冻伤危害。

④ 机械伤害、物体打击。机泵等设备的旋转部件若没有设置可靠的防护措施，可卷入作业人员的衣服、肢体。在巡检、操作、检修过程中，若没有可靠的安全保证措施，一旦发生误启动设备，可造成伤亡事故。在装置内设备检修过程中，容易发生机械伤害、物体打击事故，如高处落下的工具可能打伤作业人员。

2. 高浓度二氧化碳捕集主要风险的管控措施

（1）火灾爆炸、窒息中毒风险的管控措施

具有火灾、爆炸危险的生产装置尽量采用露天布置，自然通风良好，有利于有害物质扩散。采用密闭的生产系统，物料均在密闭的设备和管道中，输送泵、阀门等采用可靠的密封形式，防止物料泄漏。根据工艺操作条件、处理物质的理化性质等，确定设备及管道的设计条件、材质、防腐蚀等内容。装置配有可靠双回路电源，以防因停电对装置操作带来危害。

按有关规定划分装置区的爆炸危险环境类别，并根据划分的爆炸危险环境类别选择相应防爆级别的电气设备、仪表。对装置内涉及易燃易爆介质的管道、设备进行防静电接地。对处于火灾爆炸危险区域范围内的框架、支架、管架等承重钢结构的下方部位应覆盖耐火层。覆盖耐火层的钢构件，其耐火极限不低于2h。

在界区内设有足够数量的可燃气体检测器和一氧化碳、二氧化碳气体检测器，在气联控制室内设置可燃气体/有毒气体检测系统（GDS）。在变配电室设置火灾报警控制器、火灾报警探测器、火灾报警按钮及声光报警器；生产装置区内设置防爆火灾报警按钮及防爆声光报警器，发生火灾时，火灾报警探测器动作或按下火灾报警按钮，装置变配电室的火灾报警控制器会发出声、光信号。

采用集散型自动控制系统（DCS），用于装置的自动控制、监视、操作和联锁。对于有超温、超压、超液位危险的设备，在控制室内设置温度、压力、液位等关键参数的报警，在有超压危险的设备上设有遥控排放阀、安全阀等压力泄放设施，在报警触发后，人员及时做出相应的人工响应和处理。在工艺生产装置区、罐区及装车设施区、装置变配电室内设置工业电视监控系统，便于及时发现装置区的危险情况，实现装置区的安全监视功能，同时保证储运物料的安全。

（2）其他主要风险的管控措施

① 防噪、减噪措施。大型压缩机和泵等转动设备，在距离操作设备1m处的噪声应不超过85dB（A），可设置隔音罩，管道消音器，包覆吸音材料等。做好个人防护以及减少接触时间，可以减轻噪声危害。压缩单元和制冷单元的机械设备多、噪声较大，在此区域工作的职工应配备防噪声耳罩等个人防护用品。以避免噪声对健康造成损害。

② 防高空坠落措施。设置直梯、斜梯、防护栏杆和工业钢平台，并采取防滑措施，室外平台采取排雨措施。

③ 防烫伤、冻伤措施。严格按照规范对高温、低温的设备、管线进行隔热设计，在保证安全、正常生产的同时，防止可能造成的人身伤害。

④ 设置安全标志警语。在容易发生事故及危害生命安全的场所和设备，设置安全标志警语；在生产场所、作业场所的紧急通道和出入口设置醒目的标志和指示箭头；在装置高处设置风向标；在生产装置的醒目位置设置告知卡，分别标明存在的主要危险危害因素、后果、事故预防及应急措施、报告电话等内容。在使用易燃、易爆物质的作业场所的显著位置，设置"禁止烟火""当心火灾""当心爆炸"等标志警语；在存

在高温设备的作业场所，设置"当心高温表面"标志警语；在产生噪声的作业场所，设置"噪声有害""戴护耳器"标志警语；在高处作业场所，设置"当心坠落"标志警语；在压缩机等存在机械伤害危险的场所，设置"当心机械伤人"标志警语；对阀门布置比较集中、易因错误操作引发事故的地方，在阀门附近应标明输送介质的名称、符号等标志；装置平台设置疏散通道通向地面。

四、高浓度二氧化碳捕集应急管理

在作业过程中由于某种原因造成系统停电、停水、停风或其他事故，对生产或安全有严重影响，按事故状态进行紧急处理，如发现不及时或处理不当就会造成严重事故。

1. 装置停循环水应急处置

（1）异常现象

冷却器冷后仪表显示温度明显上升(超出正常上升速度)，循环水压力、流量下降，装置压力明显上升。装置因机泵冷却水中断，长时间电机温度上升，机组润滑油温度升高，冷却水温度升高，长时间冷冻水温度不能满足要求则各塔压均会上升。

（2）处置方案

立即联系调度查明停水原因，向值班干部汇报具体情况；立即组织班组人员检查，根据具体情况指挥生产；需泄压时及时联系调度，确保容器和管线安全阀不起跳；加强监盘，观察各塔、罐、管线的温度、压力、流量；加强对运行设备检查，尤其是压缩机组润滑油温度和屏蔽泵电机温度，密切监控各冷却器运行情况；当出现长时间停循环水、有可能损坏运转设备、塔压无法控制的情况时，指挥班组成员按照二氧化碳回收装置停车方案进行停车处理。

2. 装置晃电应急处置

（1）异常现象

DCS报警、部分机泵停运、照明忽明忽暗、压缩机组停车。

（2）处置方案

指挥班组人员启动停运机泵，恢复生产，如果机泵掉电，及时开启备用泵；联系调度和值班领导汇报具体情况，联系电气、维修、仪表相关人员到现场；立即清查停运设备，联系外操后，以先回流后进料为原则启动停运设备；检查装置是否有泄漏情况，如有泄漏立即汇报处理；如果机组停车，则第一时间确认是否可以重新启动，如不能则指挥班组人员按照装置停车方案进行处理；停运泵开启正常后，调整系统参数，恢复正常生产。

3. 装置停电应急处置

（1）异常现象

装置所有电动机泵、加热器等用电设备停止运转；内操室照明中断，UPS自保启动；夜间停电，装置内外照明中断；压力、温度波动。

（2）处置方案

联系调度员和值班领导汇报具体情况；组织班组人员按照停工操作流程处理，将损失降至最小；组织好班组人员关注各种参数，避免出现超压超温；按照装置停车方案处理，将装置调整到最安全状态；关闭蒸汽和热水进装置阀门，对各容器进行现场泄压（装置停电时对现场的冷却器进行必要的调节）；随时顶替缺乏人员的地方，积极配合值班领导搞好事故处理。

4. 装置停仪表风应急处置

（1）异常现象

装置仪表风显示流量及压力下降；各塔的进料及装置进料自动关死；各塔回流全开，出装置关死，各塔压控全开；蒸汽系统控制阀全关；所有调节阀全部处于事故状态，无法调节。

（2）处置方案

及时联系调度查明停仪表风原因，并向值班领导汇报真实情况；指挥班组人员确认现场调节阀全部处于事故状态，各运行设备停运；现场关闭界区切断阀，做好关联系统的调整；密切关注各塔、槽参数，避免超温、超压，如有需要，第一时间进行现场切断阀操作。

5. 装置泄漏着火应急处置

（1）异常现象

巡检中发现DCS系统报警、可燃气体报警器异常报警。

（2）处置方案

联系调度员和值班领导汇报具体情况，并拨打"119"报火警；组织班组人员携带防寒服、正压式空气呼吸器、便携式二氧化碳检测仪等应急物资及装备赶赴现场确认；立即远程紧急停注；巡检人员做好现场警戒，防止无关人员入内；班组人员按应急指令关闭注入井口生产阀门并打开注入井口放空阀对注入管线进行泄压；技术控制组对罐体进行检查，分析判断装置泄漏原因，制定方案，并根据方案组织施工队伍对装置进行检修或更换，对装置安全阀、仪器仪表进行送校或更换；当泄漏失控，现场指挥人员向上级单位汇报，请求启动上一级应急预案。

第二节　低浓度二氧化碳捕集风险防控

化学吸收工艺的低浓度捕集方法工艺流程为来自外界的烟气（进入电厂烟囱前的烟气）进入深度净化塔进行水洗，去除烟气中的二氧化硫及部分氮氧化合物，烟气温度降至40℃，经风机加压进入吸收塔，与从塔顶喷淋而下的贫液进行传质传热，脱除烟气中的二氧化碳，然后进入二级洗涤段洗涤后出塔，随后进入尾气气液分离器通过热水喷淋的方式进行三级洗涤，分离出洗涤液后返回电厂烟囱。

一、低浓度二氧化碳捕集工艺流程与技术

1. 工艺流程

一级洗涤段的洗涤水经一级烟气洗涤循环泵加压，经水洗水换热器冷却至40℃以下，进入深度净化塔进行循环水洗；二级洗涤段的洗涤水从吸收塔洗涤段下部流入洗涤液储槽，经二级烟气洗涤循环泵加压，经换热器冷却至40℃以下，进入吸收塔上部二级洗涤段进行循环水洗；三级洗涤段的循环洗涤水经尾气气液分离器分离，进入三级烟气洗涤循环泵增压，然后依次进贫液余热回收换热器及再生气换热器加热，进入尾气气液分离器喷淋进行循环水洗。

贫液从吸收塔吸收段上部进入，吸收烟气中的二氧化碳，溶液由贫液转变为富液，经富液泵加压，依次经过二级贫富液换热器、MVR半富液再生器及一级贫富液换热器升温后进入再生塔进行再生，释放出二氧化碳，溶液由富液变换为贫液。

再生塔底部的贫液经循环泵增压，依次进入一级贫富液换热器、二级贫富液换热器、贫液余热回收换热器、一级工业蒸汽回水换热器、一级热网补水换热器(仅采暖季运行)、贫液冷却器进行换热，冷却至40℃后进入吸收塔吸收段上部，构成连续吸收解吸循环。

再生塔顶流出的水蒸气、二氧化碳经过再生气压缩机增压后，进入MVR半富液再生器，为富液解吸反应提供热源，再经再生气换热器、二级工业蒸汽回水换热器、二级热网补水换热器(仅冬季运行)、再生气冷却器冷却至40℃，最后经再生气气液分离器进行气液分离，气相作为产品气送入后续流程，液相经回流泵增压回流至再生塔顶部。

2. 工艺技术

对于低浓度燃煤电厂烟气，采用化学吸收法进行二氧化碳捕集，主要是化学溶剂通过与二氧化碳发生化学反应，对二氧化碳进行吸收，当外部条件如温度或压力发生改变时，使得反应逆向进行，从而达到二氧化碳的解吸及吸收剂的循环再生的目的(图1-2)。

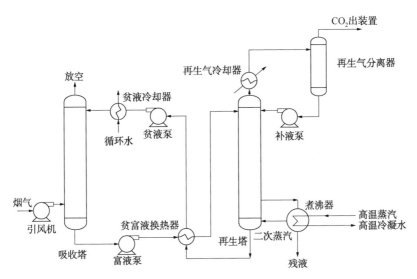

图1-2 化学吸收法二氧化碳捕集工艺流程图

吸收剂是化学吸收法的核心，通过新型吸收剂的开发实现吸收性能提高、再生能耗降低，目前的研究热点是大吸收容量、高反应速率、低再生能耗、低损耗、环境友好型的吸收剂，相变吸收剂、纳米流体体系、无水吸收体系、离子液体及醇胺新型混合溶液等新型吸收体系的研发将成为今后的发展方向。

在提高热利用效率方面，通过回收系统内余热实现利用率的提高。常用的节能工艺有 MVR 热泵、吸收式热泵、级间冷却、分级流解吸与压缩式热泵等。同时，为降低捕集系统对电厂系统发电效率的影响，开展捕集过程与原有工业过程能量的深度集成优化。工艺设备的未来发展是特大型塔器及塔内件的开发，高性能塑料填料的研制以及小型化、强化传质超重力反应器的开发。

二、低浓度二氧化碳捕集主要设备设施

低浓度二氧化碳捕集纯化单元主要设备包括深度净化塔、吸收塔、再生塔、水洗水换热器、洗涤液冷却器、贫液冷却器、胺回收加热器、一级贫富液换热器、二级贫富液换热器、再生气换热器、再生气冷却器、降膜再沸器、MVR 半富液再生器、结晶蒸发器、凝结水余热回收换热器、贫液余热回收换热器、一/二级工业蒸汽回水换热器、一/二级热网补水换热器、再生气气液分离器、尾气气液分离器、过滤橇（前置过滤器、活性炭过滤器、后置过滤器）、洗涤液储槽、碱槽、地下槽、溶液贮槽、一级烟气洗涤循环泵、二级烟气洗涤循环泵、三级烟气洗涤循环泵、引风机、MVR 半富液再生气循环泵、降膜再沸器提升泵、回流泵、贫液泵、富液泵、碱泵、补液泵、塔顶再生气压缩机及半富液再生气压缩机等，具体如下：

1. 动力设备选型

（1）泵选型

主要包括贫液泵、富液泵、一/二/三级烟气洗涤循环泵、补液泵、MVR 半富液再生器循环泵、降膜再沸器提升泵、回流泵等。结合泵输送介质的工艺参数，对于大流量的泵类设备，选择性能范围广泛、转速高、体积小、质量小、效率高、结构简单、性能平稳、容易操作和维修及维护费用低等特点的离心泵。碱泵选用计量泵。

（2）风机选型

根据出口压力，风机选用引风机。常用引风机按其结构型式有轴流式和离心式两类。离心式引风机：适用于流量较小、风压较高的工况；结构简单，维修方便，体积一般较大，安装占地面积大，重量较大；特性曲线较平缓，对通风阻力变化较小，最高效率较高；工况调节一般采

用阀门调节法，同时，也可采用转速调节和导流器调节方法；联合运行可靠。轴流式引风机：适用于流量较大、风压较小的工况；结构紧凑，体积较小，重量较轻，但其结构复杂，维修极为困难；特性曲线有效部分陡斜，对通风阻力变化较大，平均效率较高，最高效率较低；工况调节可以采用转速调节，也可以通过改变叶片安装角度等调节方法；联合运行时，由于轴流式引风机的特性曲线呈马鞍形，可能出现不稳定的工况点，联合工作稳定性较差。与轴流式引风机相比，离心式引风机具有风压较高、结构简单、维修方便及联合运行可靠等优点。鉴于引风机流量适中，出口风压较高（8kPa），考虑到离心式引风机的优点，同时为方便后期的操作和维修，建议选用离心式引风机。

2. 换热器类设备选型

水洗水换热器、洗涤液冷却器、贫液冷却器、一级贫富液换热器、二级贫富液换热器、一级工业蒸汽回水换热器、一级热网补水换热器、凝结水余热回收换热器、贫液余热回收换热器均选用板式换热器；胺回收加热器、结晶蒸发器为 U 形釜式换热器；降膜再沸器选用立式降膜式换热器；MVR 半富液再生器选用横管降膜式换热器；再生气换热器、再生气冷却器、二级工业蒸汽回水换热器及二级热网补水换热器选用管壳式换热器。

3. 压缩机设备选型

离心式压缩机：流量大，结构紧凑，占地面积少；活动部件少，运转平稳，噪声小，一般不设备用机，稳定运行时间>24000h，操作灵活、维修简单；被压缩气体不与润滑油接触，可确保输送气体质量；排气均匀，连续，无周期性脉动；单级压比低，1.3~2.0 倍，需 11 级增压，效率较低；压力适应范围较窄，流量调节范围较小，易发生喘振；单机价格较高。

往复式压缩机：单机排量小，台数多，占地面积较大；结构复杂，易损件多，维护保养复杂，需设备用机；被压缩气体可能受到润滑油类污染；存在动力不平衡和气流脉动现象，振动大；单级压比较高，可达 3~4 倍，需 5 级压缩，效率较高；对进气压力的变化适应性强，流量调节范围大，无喘振现象，出口可达到较高的压力，适用于高压力小流量工况；单机价格较低。

螺杆式压缩机：单机排气量较小，所需台数多，占地面积较大；活动部件少，运转平稳，可不设备用机，稳定运行时间>24000h，操作灵活、维修简单；被压缩气体不与润滑油接触，可确保输送气体质量；由于具有较强的平衡性，能高速运转，因此功耗相对较高；单级压比高，可达3~5倍，需5级压缩，效率较高；出口压力一般不超过4MPa，不能用于高压工况；单机价格较低。

由于二氧化碳进口压力接近于常压，出口压力为10.50MPa，螺杆式压缩机的出口压力一般为500psi（约3.45MPa），且二氧化碳的排气量较大，螺杆式压缩机难以满足工况要求。往复式压缩机易损件多，维护费用较高，增加了管理运营的困难。由于离心式压缩机具有输气量大、运行平稳、机组的外形尺寸小、质量小、占地面积小、设备易损件少、使用期限长、维护保养工作量少、压缩的气体不会被润滑油污染等优点，建议选用离心式压缩机。

4. 脱水设备选型

三塔工艺：被加热的塔在冷吹过程中热量得到利用，比两塔降低再生加热负荷15%；工艺较复杂；硅胶再生用热连续，对加热系统影响小；一个塔出现故障，还可切换成两塔运行，减少装置故障概率；再生和冷吹时间较为富裕，再生效果较为优良，在硅胶使用末期，可以灵活调整吸附周期，延长使用寿命。两塔工艺：能耗较高；工艺简单，时序控制简单；硅胶再生用热不连续，造成加热系统负荷波动；一旦一个塔的切换阀门出现故障，后续的装置就需要停车。三塔工艺与两塔工艺相比，投资稍高但能耗较低，且三塔工艺的稳定性高、操作弹性大，为了提高装置运行稳定性及操作弹性，建议选用三塔工艺流程。

5. 辅助生产设施

（1）放空系统

经过冷却的再生气既可以进入后续的压缩流程，又可以通过放空管线将再生后的二氧化碳引入高处放空；同时，在干燥橇块设置放空，在紧急情况下，可以将干燥后的二氧化碳就地放空。

（2）仪表风系统

为了维持气压的稳定，设置仪表风储罐，仪表风经过缓冲稳压后进入管网供仪表用风。

（3）排污系统

排污为闭式循环系统，由深度净化塔、吸收塔、再生塔、富液泵、贫液泵、再生气气液分离器等排放的污水汇到闭式排放总管后进入地下槽，通过补液泵增压后再回至系统循环利用。雨水、用于冲洗工艺装置区的污水经收集后直接外排至污水系统统一进行处理。

（4）蒸汽系统

低压抽汽来自汽轮机五段抽汽，主要用于溶液再沸器溶液再生；高压汽源来自1~4号汽轮机组二段抽汽，主要用于硅胶脱水再生及胺回收加热器加热。

三、低浓度二氧化碳捕集风险分析及管控

1. 低浓度二氧化碳捕集主要风险

（1）火灾爆炸

火灾、爆炸事故可划分为：①可燃物质发生泄漏引发的火灾、爆炸，包括压力容器、压力管道等承压设备设施发生的物理爆炸；②电气火灾爆炸事故。

（2）窒息中毒

生产的主要物料为二氧化碳，当空气中二氧化碳超过正常含量时，就会对人体产生危害。二氧化碳相关物理化学性质及对人体的伤害情况见本书前述"高浓度二氧化碳捕集主要风险"中的相关描述。

毒性物质主要来自各类药剂：①复合胺：有机胺类，碱性，中度危害化学介质，对人体呼吸系统和皮肤有一定危害作用，避免吸入；②抗氧化剂：无色结晶或白色粉末，易风化，溶于水，低毒，操作时要穿戴防护用品，溅到皮肤上用大量水冲洗，避免吸入；③缓蚀剂：低毒，操作时要戴好防护手套及护目镜，注意佩戴防尘口罩，避免吸入。

（3）机械伤害

对泵、压缩机等机械设备的外露运转部件未可靠封闭，容易导致机械伤害事故。对机械设备进行巡检、维护、调整、事故处理过程中，也存在机械伤害的危险，误操作、未可靠断电、违章送电致使设备意外启动，可引起机械伤害。

（4）物体打击

设备检修时多人交叉作业若配合不当易造成物体打击事故，高处的工具或机械部件掉落打到低处人体，也会造成物体打击事故。压力系统的介质都具有一定的压力，检修时若带压操作，高压介质泄漏、部件或工具飞出，打到人体，发生物体打击伤害。在进行卸堵丝、上（卸）压力表、检查油嘴、开关闸门等作业时，若未进行放空，违章带压操作，身体正对闸阀或孔板阀顶部等，设备零部件飞出可导致操作人员遭受物体打击。

（5）高处坠落

操作人员在2m或以上空间作业时，有可能发生高处坠落事故。该项目在作业中的各种检维修、储罐巡检、操作，各类吊装口、检修口、操作平台等场所的高度超过2m。负载攀登，攀登方式不对或穿着物不合适、不清洁造成跌落，作业方法不安全，与障碍物碰撞，登高作业未系安全带或安全带固定不可靠，大风、雨雪湿滑，梯子、罐顶防护栏损坏等，都可能引发高处坠落事故。

（6）电气危害

从生产设施、办公配置、生活使用到信息、仪表等大量配备和使用各种各样电气设备。这些电气设备在保护失灵或者误操作或者带电作业时易发生人员的电气伤害事故，甚至造成人员伤亡。电气设备如果安装不合理（例如：室内配电装置的安装空间小、安全净距离不够，电气设备接地装置不符合规定，电气照明安装不当，电动机安装不合格，导线过墙无套管等）；或操作人员违反安全操作规程；运行维修不及时、接地电阻不符合规范要求都可能引起人员触电。

（7）噪声危害

噪声源主要来自气体动力噪声、二氧化碳压缩机与各类泵。长期接触噪声对听觉系统产生损害，从暂时性听力下降直至病理永久性听力损失，还可引起头痛、头晕、耳鸣、心悸和睡眠障碍等神经衰弱综合征。此外对神经系统、心血管系统、消化系统、内分泌系统等产生非特异性损害，同时对心理有影响作用，使工人操作时的注意力、身体灵敏性和协调性下降，工作效率低，容易发生生产和工伤事故。

2. 低浓度二氧化碳捕集主要风险的管控措施

（1）站场平面布置

充分考虑具有火灾和爆炸危险性的建构筑物的安全布局，满足防火防爆规定；保证建构筑物之间有足够的距离和消防通道。各建构筑物根据火灾和爆炸的危险性考虑建构筑物的耐火等级、防火间距等。

（2）设备、材料选择

在使用过程中有吸收液、二氧化碳等有毒有害物质，设备的选型、结构要符合操作要求，设备的抗震按相应的设计标准、规范进行。设备的选材要符合工艺介质和工艺操作参数的要求。

（3）防火防爆安全措施

在压力容器上设置安全阀，出现超压时通过安全阀泄压保护设备；在事故状态下，大量二氧化碳通过安全阀引入高处放空，且在低处设置二氧化碳浓度探测器。火灾报警系统能接收消火栓按钮开关信号，发生火警时能及时接收信号报警。考虑到安全生产和确保设备正常运行的需要，在装置内的设备危险点和现场安全入口点及部分重要设备附近根据生产需要设置摄像系统进行监控，监视信号将被传送至中央控制室。中央控制室操作人员可随时通过设置的监视器对现场情况进行监视。根据爆炸和火灾危险场所类别等级选择电气设备。

（4）生产控制中的报警、停车联锁

对关键设备设计联锁系统，如压缩机出现不正常现象都会导致停车。对重要部位设有报警功能，如液位控制根据需要设有低位报警、高位报警或高低位报警。安全联锁和紧急停车系统均能与DCS进行数据通信。

（5）气体泄漏检测、报警设施

在装置内设置二氧化碳检测探头，分别置于生产装置区或二氧化碳可能泄漏的地方。检测信号进入控制室内独立的报警盘上进行报警。

（6）通风、除尘、降温、减噪和防放射性危害等设施

装置采用露天布置，框架结构，防止有害气体的积聚，便于通风。装置的噪声主要来自压缩机、引风机、泵，在设备选型时选用噪声小的设备，在布置上力求合理，压缩机房在设计时考虑通风和降噪措施。采用自冷变压器，使噪声水平控制在规定的范围内。设备表面温度高于60℃时应考虑防烫保温，低于10℃时要设置保冷。

（7）防雷、防静电接地措施

采用将金属物接地等措施防雷电感应，采用将进入建构筑物内部的金属管道和电源线接地等措施防雷、电波侵入。将所有需要做防静电接

地的设备和管道都并联到接地干线或接地端子板上。全厂设一共用接地网，将防雷接地、防雷电感应接地、保护接地、仪表接地、电信系统接地等接地系统全部连接起来，形成一个统一的共用接地网。装置中的设备及管线采用静电接地措施和等电位连接，以确保安全。

（8）安全管理

运营期必须建立综合管理、HSE 管理和风险管理体系。综合管理体系包括：管理组织结构、任务和职责，制定操作规程，安全规章，职工培训，应急计划，建立管道系统资料档案等。为了防范事故风险，必须编制主要事故预防文件。

（9）其他防范措施

严格各项规章制度和操作规程，并且要对生产管线及设备进行经常性的检查和维修；杜绝因为工人违章操作或管线破裂而造成物料的泄漏，以免发生中毒、窒息。

在进行化验取样、化验操作时，操作人员注意佩戴个人防护用品，避免管道容器内的有毒气体大量逸散导致急性中毒。化验室在进行化验分析时，要避免使用如四氯化碳等毒性较高的物质作为有机溶剂，应用石油醚、柴油等毒性相对较低的物质作为替代。

在工人进入密闭容器和管道内之前，设备必须先充分通风换气，按照缺氧作业规范要求，先检测容器内的氧含量，符合要求再进入设备内，防止发生职业病危害。需要短时间进入可能含有有害物质的容器内时必须佩戴有效的正压空气式呼吸器或供氧式呼吸器。工人进入容器工作时必须有至少一名人员在现场进行监护。

督促每班接触噪声的工人配备声衰值足够、舒适有效的护耳器（耳塞或耳罩），并进行经常性维护、检修，定期检测其性能和效果，按期更换，确保处于正常使用状态。

配制复合胺水溶液时要戴防护手套、护目镜及防护口罩，同时在地下槽附近设置洗眼器，一旦溶液溅入眼内或沾到皮肤，立即用大量水冲洗。

在高点设置风向标，在控制室配备正压式呼吸器和移动式正压风机，一旦浓度超标，疏散操作人员至上风向，应急人员佩戴正压式呼吸器进行应急处置，利用移动式风机对厂区二氧化碳进行吹扫。

第二章

二氧化碳运输风险防控

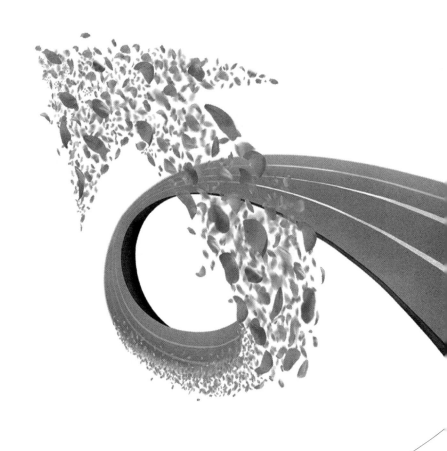

二氧化碳运输是指将捕集的二氧化碳运送到可利用或封存场地的过程。根据运输方式的不同，分为管道输送、公路运输、水路运输和铁路运输，其适用场景不同，各具优缺点。结合国内 CCUS 实际，本章主要讲述管道输送、公路运输和水路运输中的风险防控。

第一节　管道输送风险防控

长距离、大规模的二氧化碳管道输送在国外已获得大量应用，主要集中在美国，其他的分布在加拿大、挪威和土耳其。根据管道内输送的介质状态不同，管道输送主要分为气相、液相、密相和超临界输送四种。我国二氧化碳长输管道建设仍处于起步阶段，主要有齐鲁石化—胜利油田国内首条百公里级密相长输管道及其他油田相对短距离的气相或液相管道。本节以齐鲁石化—胜利油田长输管道为例讲述管道输送的风险防控。

一、管道输送工艺流程与技术

齐鲁石化—胜利油田长输管道输送工艺采用高压常温密相输送工艺，设计压力 12MPa，设计温度 5~20℃，管道全长 114.5km，设计输量 $100 \times 10^4 t/a$。

1. 整体流程

二氧化碳球罐内的液相二氧化碳从齐鲁石化首站经过增压、换热达到密相，途经沿线五个阀室到达高青末站，通过支线进入各注入站，再通过密相泵到达注入井口注入地下（图 2-1）。

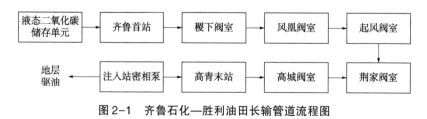

图 2-1　齐鲁石化—胜利油田长输管道流程图

2. 管道首站流程

管道首站流程包括进站区、增压区、换热区、出站区四个工艺流程

（图 2-2）。站内设有紧急停车系统、泵机组压力自动保护系统、站场压力与温度监测、超压放空、手动放空等安全措施，确保站内的安全运行。

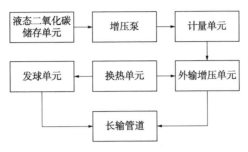

图 2-2　齐鲁石化首站工艺流程图

（1）进站区流程：来自二氧化碳球罐内的液相二氧化碳（来液压力 2.4~2.6MPa、温度 -29℃）经检测二氧化碳浓度、含水量、硫化氢含量后，由篮式过滤器过滤掉较大颗粒杂质，通过质量流量计后，进入增压区。

（2）增压区流程：经计量后的液相二氧化碳经过增压泵增压至 9.5~10MPa，进入换热区。

（3）换热区流程：换热流程为两条，分别是乙二醇水溶液对二氧化碳管线换热和循环水对乙二醇水溶液换热。进入换热区二氧化碳换热器进行升温换热至 5~20℃，密相二氧化碳通过管廊管道，进入出站区。

（4）出站区（清管区）流程：出站区包括正常来液进入输送干线管道和清管发球两个流程。

正常流程：来自换热区的密相二氧化碳经过出站区流程进入输送干线管道，经过沿线阀室，输往末站。

清管流程：清管区具备清管发球功能，站内设置 1 套发球筒，将智能清管器发往下游站场。

3. 阀室流程

阀室设置线路截断，具有线路管道截断、放空截断、放空泄压、数据监控泄压、数据监控、投产压力平衡等功能。

阀室放空流程：阀室安全阀放空就地排放，阀室手动放空汇集在放空总管线上，放空总管线接至 15m 高的放空立管，通过放空立管排放至大气。站场、阀室内的超压泄放采用安全阀，当管道及设备内流体压力超过设定值时，安全阀自动起跳，将管道及设备内的流体泄放至大气中。

4. 管道末站流程

末站包括接收首站来的密相二氧化碳输往下游支线、清管收球和放空三个流程(图 2-3)。站内设有紧急停车系统、站场压力与温度监测、超压放空、手动放空等安全措施，确保站内的安全运行。

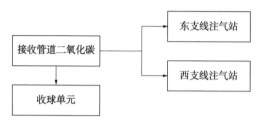

图 2-3　高青末站工艺流程图

（1）正常流程：接收首站来的密相二氧化碳，通过新建支线输往下游注入站。

（2）清管流程：末站具备清管收球功能，站内设置 1 套收球筒，用于智能清管器的接收，清管流程可实现站内不停输清管，不影响站场正常输送。

（3）放空流程：安全阀放空就地排放，排放口高度高出邻近操作平台顶 3m；末站管道手动放空汇集在放空总管线上，放空总管线接至 15m 高的放空立管，通过放空立管排放至大气。

5. 注入站流程

密相二氧化碳来自支线总管通过电动阀后，进入密相泵橇，通过密相泵到达注入井口注入地下。

二、管道输送主要设备设施

管道输送的主要设备包括篮式过滤器、计量调压系统、增压泵、换热器、智能清管器、放空立管等。由于管输密相二氧化碳泄压至大气压时，受流体相态变化及节流效应的影响，会产生低温工况，因此放空系统设计中需要考虑采用耐低温管材，并且在放空和充管操作时应采取逐级降压或逐级升压的方式，以减缓温变。

1. 篮式过滤器

篮式过滤器主要由接管、主管、滤篮、法兰、法兰盖及紧固件等组成。设置差压计、排污口、快开盲板等，过滤器宜立式安装，便于操作及清理滤筒；快开盲板应开闭灵活方便、密封可靠无泄漏，且具有安全联锁功能；快速拆、装的头盖结构应拆卸快速灵活方便，密封可靠无泄漏。当液体通过主管进入滤篮后，固体杂质颗粒被阻挡在滤篮内，而洁净的流体通过滤篮由过滤器出口排出，避免管输液带有的污物、铁锈、粉尘等杂质进入工艺站场。

2. 计量调压系统

站场计量采用质量流量计，调压采用压力/流量自动选择性调节系统对压力或流量进行控制。采用安全切断阀、自力式调节阀和电动调节阀串联的方式。正常工况下，该系统为压力调节系统，以维持下游压力在允许的范围内。当管线流量超过设定值时，根据运行管理需要，站场控制系统将自动切换为流量调节系统，以达到限制局部供液量的目的。当实际供液流量低于限制值时，系统能自动切换至压力控制方式。

3. 增压泵

针对密相二氧化碳润湿性差、易干摩擦升温、易相变气蚀、易密封失效等难题，创新采用低摩阻防相变泵腔流道结构、镶嵌式自润滑蜂窝状口环和泵轴端双端面动压型机械密封结构，实现二氧化碳稳定密相输送(图 2-4)。

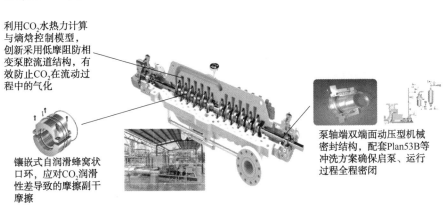

利用CO_2水热力计算与熵焓控制模型，创新采用低摩阻防相变泵腔流道结构，有效防止CO_2在流动过程中的气化

镶嵌式自润滑蜂窝状口环，应对CO_2润滑性差导致的摩擦副干摩擦

泵轴端双端面动压型机械密封结构，配套Plan53B等冲洗方案确保启泵、运行过程全程密闭

图 2-4 国内首台(套)百万吨级二氧化碳管道增压泵

4. 换热器

换热器利用循环冷却水温度较高的回水作为首站升温循环水的热源，经换热降温后返回循环冷却水供水管线。壳程入口管道应设安全阀

口，并设置事故工况联锁排水口，一旦发生事故，第一时间将换热器内水放空，防止冻堵。

5. 智能清管器

智能清管器包括收/发球筒、快开盲板、工艺管线等设备，可以不停输接收或发送各种清管器和检测器，并配备清管小车及吊架一套。智能清管器不仅能够清管，而且可以检测管道变形、管道腐蚀、管道埋深等。不停输收球清管能够保证输气管道在正常生产的前提下，排出积液，提高输气能力和减轻管道腐蚀，保障管道输气的连续性和平稳性。

收/发球筒上设置清管指示器为非插入、外夹磁感应式。快开盲板具有安全双联锁功能，以防当收/发球筒带压时被误开。收/发球筒需水平安装，收球筒不得离地面过高，以方便操作。清管作业需有操作人员到现场，借助清管小车、支吊架和倒链等辅助设施进行清管作业。球筒上设置放空流程、大小量程压力表各 1 块，在充装和泄压时控制压力缓慢变化，并保证清管作业完成后收/发球筒内压力符合检修要求。

6. 放空立管

管道末站和阀室设置放空立管，站场和干线事故或检修放空通过放空立管集中排放。放空立管选用低温钢、奥氏体不锈钢材料，高度考虑比周围建（构）筑物高 5m，放空参数及扩散范围需能保证安全泄放及人员安全。

三、管道输送运行过程管理

1. 管道输送基本要求

整个工程设计为密闭系统，二氧化碳置于密闭的设备和管道中，各个连接处均采用可靠的密闭措施。站场工艺控制系统中具有越限报警系统和联锁自控系统，以确保在误操作或非正常生产状况下，危险物料始终处于安全控制中。

（1）自控与安全联锁要求：

① 在进站处设置压力联锁，确保泵入口压力，并减少泵进口管线上的弯头、阀门，以降低吸入管路阻力，防止压力过低使二氧化碳来液汽化，导致增压泵发生气蚀，影响其安全运行。

② 在进站处设置压力联锁关 ESDV 阀，防止二氧化碳来液管线发生泄漏。

③ 在增压泵入口设置压力报警关断，当压力达到低限时进行报警，当低于低限时联锁关泵，保证增压泵正常工作，防止入口压力过低。

④ 对换热后温度进行控制，与循环水量进行联锁，设定温度为 5℃；在换热器出口设置温度报警，当超过 10℃ 或低于 0℃ 时报警，报警信号上传，进行人工干预，防止换热器出口温度过低，致使二氧化碳低温出站后对下游植被造成影响。

⑤ 在站场下游设置低压关断，当管线发生泄漏压力低于低限时关断出站阀门。

（2）管道放空要求：管道设置低点排液与吹扫口，排净管内积液，并利用吹扫口进行干燥。放空时放空管线内可能产生干冰颗粒，但泄放介质流速高，可将干冰颗粒携至下游，阀室放空管线均为地上安装，站场短时间泄放对土壤影响较小，不会造成土壤冻胀。

（3）管道保温、保冷要求：首站进站管线及增压区域进行保冷设计，保冷材料选用硬质闭孔型自熄性聚氨酯泡沫塑料，用镀锌钢带捆扎，管线保冷厚度均为 40mm。循环水管网进行保温设计，保温材料采用离心玻璃棉，管线保温厚度均为 40mm。

2. 二氧化碳增压离心泵运行过程管理

（1）启运前检查：正确穿戴防低温劳保用品，并进行危害辨识和风险分析，落实必要的风险削减措施；通知相关岗位倒好流程，确认排出管线畅通；检查上游二氧化碳装车泵出口压力正常，出口压力稳定在 2.4~2.6MPa；泵机组周围应保持清洁，无妨碍运转的杂物；检查电路、电压及各部接地符合要求；检查各部螺丝紧固；润滑油质符合要求，加注量至油室观察窗的 1/2~2/3，润滑脂注入润滑室容积的 80%；机泵同心度符合要求，联轴器螺丝无松动，端面间隙合适；按泵的旋转方向盘泵 3~5 圈，转动灵活无卡阻，确认电机转向与泵的旋转方向一致；检查仪器仪表在有效检定周期内；开启增压离心泵进口阀门，排净泵内气体至放空管线；确认泵机组周围无妨碍运转的杂物；戴绝缘手套合闸送电。

（2）启运：按启动按钮，离心泵运行正常后，缓慢开启出口阀门，根据生产需要调节泵压与流量；检查泵运转声音无异常，振幅在合理范围内，密封部位漏失量符合要求，润滑冷却系统运行正常，各仪表指示正常。

（3）运行中检查：运行中检查记录泵压、干压、电流、电压、流量等各种参数；检查泵轴承温度在规定范围内，油室油位应在观察窗的 $1/3 \sim 1/2$ 处；检查泵密封部位渗漏量在规定范围内，其他密封部位无渗漏；检查冷却水温度 $\leqslant 35℃$；认真填写机组运行记录，数据完整、准确、真实。

（4）停运：关小待停泵出口阀门，电流接近空载值时，按停止按钮，关闭出口阀门，戴绝缘手套拉闸断电。冬季停运或长期停用时，放净泵内余液，并做好冬季防冻保温工作。如果出现下列情况之一，必须紧急停运：

① 由于设备运行不正常并危及生产和人身安全。

② 机泵某一零件发生突然断裂或泵进出口工艺管线破裂。

③ 泵温度、压力突然超过额定值。

④ 机体发生剧烈振动、出现非正常声音或运行设备起火。

⑤ 电机电流突然升高，超过额定值 10% 或电机冒烟有焦味。

（5）倒泵：按照启动前的准备工作检查备用泵；关小待停泵的出口阀门，控制排量；按启动操作步骤启动备用泵；按照停运操作规程停运预停泵，关闭出口阀门；根据生产要求调整启运泵的参数；倒泵操作必须做到平稳、缓慢，泵压、干压不允许出现大幅波动。

（6）注意事项：发现异常情况及时上报；注意工作环境噪声的监测及防护；定期对电机绝缘情况进行检测；夏季注意通风、防潮，防止设备工作温度过高；使用变频器的情况下，禁止在出口节流；严禁泵反向运行。

3. 循环泵运行过程管理

（1）启运前检查：正确穿戴防低温劳保用品，并进行危害辨识和风险分析，落实必要的风险削减措施；检查循环水的液位在观察窗的 $1/2 \sim 2/3$ 处，倒好流程，确认排出管线畅通；泵机组周围应保持清洁，无妨碍运转的杂物；检查电路、电压及各部接地符合要求；检查各部螺丝紧固；润滑油质符合要求，加注量至油室观察窗 $1/2 \sim 2/3$ 处，润滑脂注入润滑室容积的 80%；机泵同心度符合要求，联轴器螺丝无松动，端面间隙合适；按泵的旋转方向盘泵 $3 \sim 5$ 圈，转动灵活无卡阻，确认电机转向与泵的旋转方向一致；检查仪器仪表在有效检定周期内；开启循环泵进口阀门，排净泵内气体至放空管线；确认泵机组周围无妨碍运转的杂物；戴绝缘手套合闸送电。

（2）启运：按启动按钮，离心泵运行正常后，缓慢开启出口阀门，根据生产需要调节泵压与流量；检查泵运转声音无异常，振幅在合理范围内，密封部位漏失量符合要求，润滑冷却系统运行正常，各仪表指示正常。

（3）运行中检查：运行中检查记录泵压、干压、电流、电压、流量等各种参数；检查泵轴承温度在规定范围内，油室油位应在观察窗 1/3～1/2 处；检查泵密封部位渗漏量在规定范围内，其他密封部位无渗漏；检查冷却水温度 ≤35℃；认真填写机组运行记录，数据完整、准确、真实。

（4）停运：关小待停泵出口阀门，电流接近空载值时，按停止按钮，关闭出口阀门，戴绝缘手套拉闸断电。冬季停运或长期停用时，放净泵内余液，并做好冬季防冻保温工作。如果出现下列情况之一，必须紧急停运：

① 由于设备运行不正常并危及生产和人身安全。

② 机泵某一零件发生突然断裂或泵进出口工艺管线破裂。

③ 泵温度、压力突然超过额定值。

④ 机体发生剧烈振动、出现非正常声音或运行设备起火。

⑤ 电机电流突然升高，超过额定值10%或电机冒烟有焦味。

（5）倒泵：按照启动前的准备工作检查备用泵；关小待停泵的出口阀门，控制排量；按启动操作步骤启动备用泵；按照停运操作规程停运预停泵，关闭出口阀门；根据生产要求调整启运泵的参数；倒泵操作必须做到平稳、缓慢，泵压、干压不允许出现大幅波动。

（6）注意事项：发现异常情况及时上报；注意工作环境噪声的监测及防护；定期对电机绝缘情况进行检测；夏季注意通风、防潮，防止设备工作温度过高；使用变频器的情况下，禁止在出口节流；严禁泵反向运行。

4. 换热器运行过程管理

（1）启运前检查：正确穿戴劳动保护用品，做好冻堵、超压、冻伤、窒息、腐蚀泄漏、其他伤害等风险识别；按照风险识别内容，熟悉操作过程中存在的风险，并制定风险削减措施；应携带检测仪，确保装置无泄漏，周边氧气浓度应在 19.5% ~ 20.9%；操作过程中使用防爆工具，开关阀门时应缓慢侧身操作；现场人员和中心监控室通信畅通；检查换热器静电接地符合要求，检查换热器地脚螺栓及各连接法兰螺栓紧固，防雷防静电接地符合要求；检查换热器壳体表面无变形、碰伤裂纹、锈蚀坑点等缺陷；检查换热器所有控制阀门灵活好用，并处于关闭状态；检查压力变送器、温度变送器、就地显示仪表及远程监控设施齐全完好，组态数据传输正常；启运前检查上、下游相关节点生产参数正常，做好启运前的准备。

（2）启运：启运换热器应先引冷介质，后引热介质，升温速度控制在 25℃/h，做到先预热后加热，以免设备温度急剧变化造成应力变形；微开冷介质放空阀，全开冷介质出口阀，缓慢开启冷介质入口，介质充满后，立即关闭放空阀；微开热介质放空阀，全开热介质出口阀，缓慢开启热介质入口，介质充满后，立即关闭放空阀；启运过程中，注意观察换热器管程和壳程的压力、温度变化，运行参数必须控制在设计压力、设计温度范围内，观察无泄漏；填写启运记录。

（3）运行中检查：运行过程中实时监控换热器温度、压力，确保各参数在合理范围内；检查组态参数报表数据准确；按照要求现场巡检或视频检查监控换热器本体及各连接部位无泄漏；填写运行记录。

（4）停运：先开热介质旁通，后关闭热介质进、出口阀；先开冷介质旁通，后关闭冷介质进、出口阀；正常停用时，随工艺管线一起进行氮气吹扫，若进行检修，换热器必须进行氮气吹扫；填写停运记录。

（5）注意事项：严禁超温、超压，以免影响设备使用寿命及损坏设备；严禁升、降温速度过快，要做到缓增或缓降；奥氏体不锈钢换热器介质含有氯离子，其浓度不得大于 25ppm(ppm 为百万分之一)，在入口接管处应设置过滤网。

5. 质量流量计运行过程管理

（1）启运前检查：正确穿戴劳保用品，并进行危害辨识和风险分析，落实必要的风险削减措施；检查流量计组态、传感器和变送器工作正常，检查流量计安装符合要求，接线准确可靠，仪表测量范围、耐温值、耐压值与被测流体相符；检查流量计密封情况，垫圈和 O 形圈完好，所有连接件紧固；检查仪表零位，并按规定调零；给变送器通电，预热≥30min，确保变送器处于允许流量计调整的安全模式；调零前传感器温度示值应接近正常运行温度，应使传感器满管，保持介质不流动方可调零。

（2）启运：开启流量计仪表电源；缓慢开启流量计进口阀门，确保流量计系统内的压力缓慢上升，观察法兰、阀门及其连接管线无渗漏；缓慢开过滤器、放空阀排净气体；缓慢开启流量计出口阀，观察表头示值正常，确认流量计运转正常，缓慢关闭旁通阀门或停运预停流量计。

（3）运行中检查：按时查看仪表指示、运行状态正常，累积值与实际相符；对运行中的流量计定期全面检查，发现问题及时处理，并做好记录。

（4）停运：停运流量计时，应先投备用流量计或倒通旁通流程，确认备用流量计运行正常或旁通流程无误后，方可停运待停流量计；关闭流量计的进出口阀门，记录流量计读数和停运时间；室外安装的流量计停运时间若夏季超过 24h，冬季超过 8h，应扫净内部余液。

（5）注意事项：每 3 个月进行一次综合保养及零位调校；每年对流量计内插件连接进行检查；流量计上游有新管线投产，必须采取措施，防止流量计卡堵事故的发生。

6. 配电室运行过程管理

（1）启运前检查：正确穿戴劳保用品，作业前认真进行危害辨识和风险分析，落实必要的风险削减措施，严格执行操作规程；操作人员必须经过特殊工种作业培训并取得相应的证书，非专职电工不得进行合闸操作；配电室内要注意通风防漏、防水，备有二氧化碳灭火器；严禁带电操作，不得带负荷进行拉闸操作。

（2）启运：合闸送电操作规范，即合上低压侧总闸刀开关→合上低压侧总空气开关→合上各分闸刀开关及负荷开关，确定整个线路无人进行操作，无短路操作。合闸后检查各仪表指示，并观察 5min。

（3）运行中检查：按期巡检、维护电气设备，应确保其正常运行，安全防护装置齐全，配电室每 2h 巡视一次，巡视中发现的问题要及时上报给班站长及相关业务部门；熔断器熔丝的额定电流要与设备或者线路的安装容量相匹配，不得随意加大；发生人身触电或火灾事故，值班人员应立即断开有关设备的电源，以便进行抢救，电气设备发生火灾时，应用四氯化碳灭火器或黄沙扑救，变压器起火时只有在全部停电后才能用泡沫灭火器扑救。

（4）停运：断开低压侧各分路负荷开关盒闸刀→断开低压侧总空气开关→断开低压侧总闸刀开关，悬挂"禁止合闸"警示牌。

（5）注意事项：配电设备应定期进行维修保养，每年定期检测接地装置的接地电阻，室外接地网<4Ω，母线避雷器、设备外壳接地<10Ω，做好测量记录；接地引线外露部分，每年涂漆一次，其入土300mm部分，每5年检查一次腐蚀情况，并做好记录；母线导线接头≤80℃，刀闸接触部分≤70℃，仪表互感器外壳≤65℃，电机温升<60℃；对变压器、高压电动机、电力电容，不允许脱离保护运行，若工作需要，最长不得脱离保护运行15min。

7. 电机变频器运行过程管理

（1）启运前检查：正确穿戴劳保用品，并进行危害辨识和风险分析，落实必要的风险削减措施；检查变频器控制柜内无杂物，控制柜及电机接地良好，各连接螺丝紧固；检查各电气元件齐全、线头无虚接现象，各仪表正常（电源电压正常在370～420V）、齐全、准确；戴绝缘手套合上变频器电源开关，给变频器送电，检查变频器显示正常；检查变频器各项参数设置与电机匹配。

（2）启运：闭合需启动设备的空气开关；将操作盘上变频/工频控制开关拨到变频位置（或在触摸屏控制面板中将变频/工频开关拨到变频位置）；启动设备，运行变频器；变频器启动后待频率显示稳定后，逐渐将变频器频率调至工作频率。

（3）运行中检查：变频器显示正常，频率波动在规定范围内，电动机电流小于额定值；变频器工作环境温度禁止超过最高温度，变频器本体温度不超设定温度，变频器冷却风扇工作正常；打开变频器面板，检查主电路、控制电路接线无松动、过热现象；检查滤波电容无漏液、变色、裂纹、外壳膨胀或明显变形；变频器内部电子元器件无异味、变色或显著变形痕迹；变频器、电动机无异常，取全取准原始资料。

（4）停运：将变频器频率逐渐降到零位，按停止按钮，控制开关拨到停止位置；切断电源，挂停运牌；紧急停运时，按下变频器的急停按钮，及时上报，并如实填写记录。

（5）注意事项：每季度对变频器冷却风道进行一次吹扫清理；变频停运，电源指示灯不灭及电机未完全停止转动时严禁电源断合操作及工频/变频转换操作。

8. 收/发球筒运行过程管理

（1）发球要求：打开快开盲板装入清管器，在异径管处顶紧，关闭盲板；打开出口阀门，关闭进口阀门；关闭放空阀门，同时打开通球进气阀门；观察压力表压力，当压力出现突降时，清管器进入主管道，清管工作开始；用配套的电子跟踪器检测确认清管器是否发出；如未发出，关闭出口阀门，关闭通球进气阀门，打开放空阀门，待泄压到"0"后重新操作。

（2）收球要求：清管器到达收球筒前 1h 左右关闭放空阀门，打开排污阀门；待不再产生污液后，用配套的电子跟踪器检测确认清管器是否收到；在确认清管器进入收球筒后打开放空阀门，关闭进气阀门；待筒内压力全部泄放完毕后再打开盲板，取出清管器，关闭排污阀门，清管工作结束。

（3）注意事项：开启排空阀和排污阀时，动作应缓慢；快开盲板正面和内侧面不得站人；现场作业期间应持续监测氧气、二氧化碳气体、可燃有毒气体浓度，且所有人员宜站到上风口；微开收球筒盲板时，应做好硫化亚铁自燃的防护；收球筒内清理出的凝蜡、油泥及杂物的处理应按照相关要求严格执行；清管作业完成后，应将清管装置区的环境清理干净；现场配备泡沫灭火器或干粉灭火器。

四、管道输送主要风险及管控措施

1. 管道输送主要风险

（1）水击

二氧化碳管道为密闭输送，整体水力系统受各种工况变化影响，可能导致管线截面压力与流量的变化，进而导致全线压力与流量在瞬间发生相当程度的波动，这种压力波动即是水击。水击严重时，对管线与设备可能造成损害。水击产生的原因有很多种，但对管道与设备安全构成威胁的主要是误操作使进、出站阀门突然关闭，导致进站侧产生增压波，出站侧产生减压波。高压波与低压波分别沿管道传播，高压波与管道中原有输送压力叠加产生异常高压，低压波则可能导致在管道造成负压。

（2）腐蚀

管道内介质为液相二氧化碳，来液中二氧化碳纯度不够含有游离水，或投产试压后干燥不达标、投产前管内有游离水，二氧化碳会在碳钢与水之间引发电化学反应，对管道内壁造成腐蚀。施工过程中造成防腐层机械损伤以及地质、土壤、温度、湿度等因素可能造成防腐层破坏导致管道外壁腐蚀。放空立管底部排水阀设置不合理不能排净积液，雨水会通过放空立管流入放空管线内，引起放空管道系统腐蚀。

（3）超压

若增压系统调压失效，可能造成下游超压，严重时导致下游输送管道破裂发生物理爆炸事故。管线清管过程中若压力大于管线设计压力将有可能造成管线爆裂，飞溅液体或碎片可能造成物体打击。管线试压时由于操作失误造成憋压，使压力超过限定压力，可能造成设备或管道损坏，导致高压介质泄漏。

（4）泄漏

由于阀门等设备质量存在缺陷或安装存在缺陷，在投产试压过程中易发生泄漏。管道施工过程中膨胀弯节安装不到位，管道试压时易发生管道移位导致泄漏。二氧化碳输送时动压和静压产生压力波动和振动，可引起管道交变应力，在管道缺陷部位应力集中处产生裂纹，逐渐扩张导致泄漏。

（5）堵塞及冻伤

在二氧化碳管道放空过程中有两个冷却效应，容易造成管道干冰堵塞及人员冻伤。第一个冷却效应是焦耳-汤姆孙节流效应，出现在减压元件处，例如阀门或孔口，由于系统没有背压，压力降低到大气压只需一步，释放的二氧化碳温度和它在大气中的沸点相同，在−78.5℃左右。阀门或孔口也会冷却到这个温度，所以减压过程中会形成干冰。第二个冷却效应发生在管道内，由于固定容积内的质量损失，管道内产生了绝热膨胀导致温度降低。如果温度过低，管道内部可能生成干冰，除低温可能破坏管道及引起堵塞外，重新启动时还可能造成管道超压破裂。

2. 管道输送主要风险的管控措施

（1）水击风险的管控措施

对于管道运行中出现的计划外停泵、关阀及设备故障等可能产生水击增压的事故工况主要采取了压力高联锁停泵、水击超前保护等保护措施。站内主要压力设备设置了安全阀，保护管道及站场不超压。在SCADA系统中设置逻辑控制，水击保护程序的目标是全线无超压点，沿线不发生相变。

（2）腐蚀风险的管控措施

①长输管道内防腐。在首站设置组分分析仪，对进入管道介质组分进行实时检测，控制含水量在50ppm以内，二氧化碳浓度不低于99%，最大化避免内腐蚀。管线压力试验合格后，需对管线进行充分的吹扫干燥，吹扫介质可采用压缩空气。空气吹扫前，需首先排净管线低处积存的液体，吹扫过程中，当目测排气无烟尘时，在排气口设置贴有白布或涂白漆的木制靶板检验，以5min内靶板上无铁锈、尘土、水分及其他杂物为合格。在站内关键位置设置内腐蚀监测装置，及时掌握内腐蚀的动态。

②长输管道外防腐。直管段管道、冷弯弯管的外防腐层选用常温型加强级三层PE防腐层。热煨弯管防腐层选用双层环氧粉末防腐，外面缠聚丙烯外护带。浅埋段补口推荐采用"无溶剂双组分液体环氧涂料+辐射交联聚乙热收缩补口带"进行外防腐补口；定向钻段补口推荐采用"无溶剂双组分液体环氧涂料+双层辐射交联聚乙热收缩补口带"进行外防腐补口。必要时对穿越段增加环氧玻璃钢外防护层，定向钻穿越段管道回拖完成后应进行防腐层完整性检查，并进行馈电测试。三层PE防腐层补伤根据部位尺寸的大小，分别选用热熔修补棒、辐射交联聚乙烯补伤片、热收缩带及各种工具相结合的方式进行补伤，具体补伤方法及要求应符合GB/T 23257—2017《埋地钢质管道聚乙烯防腐层》标准的规定。

③站场工艺管线、设备外防腐。地上不保温设备及管线外壁推荐采用热反射隔热涂料；地上其他不保温钢结构推荐选择环氧富锌底漆+环氧云铁中间漆+丙烯酸聚氨酯面漆的配套防腐结构。埋地工艺管线推荐采用双组分无溶剂液体环氧涂料；对站场埋地阀门、三通等异型件推荐采用"黏弹体防腐带+聚丙烯外防护带"双层结构进行包覆。

（3）超压风险的管控措施

站内收/发球筒上设置安全阀，防止容器内发生超压；站内管汇、较长直管段处易发生水击现场，设置安全阀防止超压。安全阀选用高压泄放动作灵敏、泄放能力大、复位准确，密封可靠，工作稳定性好的先导式安全阀。

（4）泄漏风险的管控措施

选择双通道光纤泄漏检测主机，放置于沿线阀室，利用沿管道埋地敷设的通信光纤的备用芯作为检测和传输介质，实现从首站至末站管道全程的泄漏检测。泄漏检测工作站放置于生产指挥中心，实现管道全程的泄漏检测监视与报警，并实现泄漏点的定位。对于注气干线，由于其管径较小且距离较短，采用感温光纤法进行泄漏检测。泄漏检测主机设置于高青末站，沿注气管线埋地敷设感温光缆实现泄漏检测。

在线路与进、出站管线上设置紧急截断阀，采用全焊接全通径球阀。站场和阀室配置电液联动或电动执行机构，当上、下游管道发生泄漏时，管道内压降速率波动超过设定值时线路截断阀自动关闭，将二氧化碳泄漏量控制到最低。

（5）堵塞及冻伤风险的管控措施

对管道计划放空时采用分段逐步开启放空阀的方式进行操作。在放空初始采用小开度缓慢泄放，以保证流体与周围介质充分换热，开度保持在 10%~20%；当管道内温度出现回升或温变缓慢时，在短时间内迅速将开度调节为 100%，预防放空过快生成干冰堵塞管道。

放空立管配备流量控制阀门，其开启关闭与主管道温度联锁，防止管线温度达到设计的最低值。放空时，加强对管道前端和管道末端温度和压力的监测，对节流元件及其下游管线、管件、阀门等均选用耐低温材料，预防造成低温损伤。

五、管道输送应急处置

1. 二氧化碳泄漏应急处置

（1）发现确认：生产监控岗通过 SCADA 系统发现数据异常，或现场二氧化碳报警器、管道监控系统报警，通知技术部门、班站进行分析研判和现场核实。根据技术部门分析研判结果以及班站现场核实情况，确认现场泄漏情况，并向值班领导汇报。

（2）报警报告：生产监控岗根据值班领导指令，立即通知抢险人员，并向上级单位汇报事发时间、事故地点、设备设施名称、涉及的危险物质、周边环境、事件初期处置情况、人员伤亡情况、联系人及电话等。

（3）岗位处置：现场班站值班人员接到生产指挥中心指令后，立即组织停泵并切换或关闭流程；停运增压泵，切换换热器等流程；停注入泵，并关闭相应注入流程阀门。根据泄漏点位置实施流程局部切断，关闭泄漏点两端阀门，关闭后根据指令组织放空泄压。现场人员在保障自身安全的同时做好现场泄漏点周围警戒，防止无关人员入内。针对连接部位泄漏失效的情况，在做好防窒息和冻伤等安全措施的同时组织紧固或更换垫等。

（4）应急响应：基层单位领导接到汇报后，组织应急处置组，携带防寒服、正压式空气呼吸器、便携式二氧化碳四合一气体检测仪（含硫化氢）以及抢险施工器具等应急物资及装备赶赴现场。

（5）工艺调整：根据抢修时间调整工艺运行方式。管线修复前，采取拉运的方式，利用旧的注入流程恢复二氧化碳注入；根据非泄漏段的设备、管线压力、温度变化情况及时组织降压或放空等。

（6）条件确认：监测组使用便携式二氧化碳四合一气体检测仪（含硫化氢）在泄漏点下风口进行二氧化碳浓度及有毒有害气体检测，研判应急处置条件，确定安全范围，并进行持续监测。警戒疏散组根据确定的安全范围，使用警戒带对抢险现场进行封闭，并做好现场警戒，防止无关人员进入。

（7）现场处置：技术组进行查找确认泄漏点，分析判断泄漏原因，制定处置方案。抢险组组织施工人员对泄漏点进行阀门垫或阀门更换、管线开挖、切割或焊接等应急处置。

（8）扩大应急：当泄漏失控，现场处置组向应急总指挥汇报，启动直属单位应急预案，并向地方政府进行汇报，组织应急联动。

（9）后期处置：管线检修或更换后，进行管线试压合格后，现场确认达到启运条件后上报，生产指挥中心接上级指令后组织投产恢复。

（10）应急终止：确认受伤人员得到救治，环境检测合格。生产恢复正常后，现场总指挥宣布应急终止。

2. 二氧化碳管线冻堵应急处置

（1）发现确认：生产指挥中心监控岗发现管线压差异常，现场操作人员或其他巡检人员发现管线前后压差异常、管线外部低温结霜等，及时向现场负责人汇报。

（2）报警报告：现场负责人组织技术人员和监护人员分析研判结果，确认现场情况，并向值班干部汇报。

（3）岗位处置：首站操作人员调整增压泵排量，控制管线压力不超过设计压力，必要时根据指令进行停泵。末端注入站根据压力情况组织停泵，控制支干线管线压力不低于 6MPa。

（4）应急响应：现场负责人组织应急处置人员，携带防寒服、正压式空气呼吸器、便携式二氧化碳四合一气体检测仪（含硫化氢）并组织抢险施工机具器具等应急物资及装备赶赴现场。组织现场泄漏情况分析研判，制定应急处置方案，并组织实施。

（5）条件确认：监测组使用便携式二氧化碳四合一气体检测仪（含硫化氢）在冻堵部位下风口进行二氧化碳浓度及有毒有害气体检测，研判应急处置条件，确定安全范围，并进行持续监测。警戒疏散组根据确定的安全范围，使用警戒带对抢险现场进行封闭，并做好现场警戒，防止无关人员进入。

（6）现场处置：现场确认二氧化碳管线冻堵位置并分析研判原因，联合抢险处置组制定现场组织方案，一般在泄压位置形成干冰。管线未完全堵塞，在保证压力的情况下，可控制泄压流速，提高换热温度，逐步化冻。在管线完全冻堵的情况下，对泄压排量进行控制后，对冻堵部位采取临时加热、自然化冻方案进行处置，通道流通后，适当提高加热介质温度加快解冻速度。

（7）后期处置：完成管线冻堵处置，管线试压检测合格后，现场确认达到启运条件后上报，生产指挥中心接上级指令，组织投产恢复。

（8）应急终止：确认受伤人员得到救治，环境检测合格。投运工作恢复正常后，现场总指挥宣布应急终止。

第二节　公路运输风险防控

公路罐车运输具有运输灵活，不受运输地点限制，也不需要大量的前期投入等优点。在公路运输系统发达地区，对于单井吞吐、压裂前置等零散井注入或还未铺设管道的固定注入区块，可选用公路罐车运输的方式。

一、公路运输工艺流程与技术

1. 二氧化碳公路运输工艺流程

二氧化碳罐车驾驶员在充装操作人员的指引下将车辆停至指定充装位置，随后驾驶员与押运员配合充装操作人员进行充装工作。充装结束后，在充装操作人员的指挥下驶离充装区域，按照指定的运输路线执行二氧化碳运输任务。到达目的地之后，按照卸液操作人员的指引，驾驶员将车辆停至指定卸液点，随后驾驶员及押运员配合卸液操作人员进行卸液工作，待卸液结束后，在卸液操作人员的指挥下离开。

2. 精准计量充液

罐车需在低温下进行二氧化碳充装作业，为防止不在低温下充装压力显高情况的发生，罐车增加了气相阀降压装置，使罐车重新达到最低压力，从而继续充装作业。在充装过程中，为观察罐体内液位高度，罐车增加了液位计装置。若液位计的读数不稳定或有误差，可能存在表管泄漏的情况，需立刻运用肥皂水对表管进行测试并维修，以保证充装作业顺利完成。

3. 恒温恒压安全运输

二氧化碳的运输过程需要保持恒温恒压状态，为保持罐体温度平衡，罐车采用阻燃聚氨酯发泡材质保温层；为保持罐体压力平衡，罐车具备安全阀等泄压装置。若罐体内压力不能维持稳定，需要考虑安全阀是否存在泄漏或冻裂的情况，根据需要及时更换安全阀，以保证运输作业安全顺利完成。

4. 全密闭卸液

卸液时，车辆操作箱内的液相、气相管线分别与储存罐液相、气相连接，实现全密闭卸液。为了保证罐体内压力平衡，在卸液时需要采取严格控制泄压率(速度)等技术手段。

5. 预防干冰形成

二氧化碳介质在液体膨胀或汽化时会吸收周围的热量从而使周围液体温度降低形成干冰，为防止干冰形成造成罐体内失压，需要在充装作业后的安全放散阶段缓慢打开排空阀；在卸液时对罐车与储罐之间进行气相平衡，控制卸液速度；日常需对罐体的管路、阀门及卸液泵系统等进行严格检查。

二、公路运输主要设备设施

公路运输的主要设备设施为 LNG 动力二氧化碳运输车。其主要结构如图 2-5 所示。该运输车主要有牵引车、液态二氧化碳挂车两种。

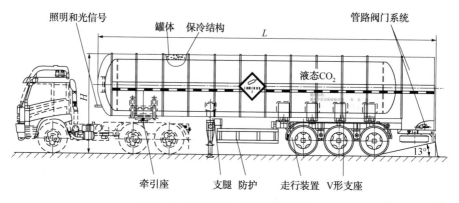

图 2-5　LNG 动力二氧化碳运输车

1. 牵引车技术要求

（1）牵引车车型选购 6×4 三轴车型，准牵挂车质量≥40t 重型车辆。

（2）发动机马力选装 420~460hp（经济型），排放标准执行最新环保国 Ⅵ 标准，符合绿企创建和国家政策法规、企业的长远发展需求。

（3）驾驶室选装遇冲撞可后移式新款驾驶室，进一步提升车辆行驶过程中驾驶的安全。

（4）牵引车底盘后悬选用空气悬挂，全车盘式制动，标配德威伯科 EBS 电子制动系统，整车技术性能和刹车性能与普货车辆相比得到较大提升。

（5）驱动桥选用双级减速桥，扭矩较公路运输牵引车选装的单级减速桥扭矩大，适应井场土路作业工况的需求。

（6）牵引车前转向轮加装符合 GB 7258—2017《机动车运行安全技术条件》标准的防爆胎装置，加装车道偏离及前车碰撞预警 FCW+LDW 系统，超前预防公路运输过程中的安全运行风险。

（7）牵引车排气管前置，从设计上增大与油箱的距离。电气导线绝缘可靠，横截面积足以防止过热，且线路布置合理、固定可靠，有防腐蚀、防磨损和电火花的保护措施，满足 JT/T 1285—2020《危险货物道路运输营运车辆安全技术条件》。

（8）整车安装 4G 车载卫星定位系统，对接地方政府交通局危化品监控平台。专设危化品监控人员，车辆实现 24h 动态监控。车辆装卸口安装电子围栏，满足 24h 装卸监控的要求。

2. 液态二氧化碳挂车技术要求

（1）挂车选装三轴重型车辆。

（2）悬挂系统选装德国 BPW 品牌空气悬挂、盘式刹车系统，满足 GB 7258—2017《机动车运行安全技术条件》标准要求，整车技术性能和刹车性能得到较大提升。

（3）挂车罐体设计压力 2.2MPa，工作压力≤2.2MPa。

（4）正圆罐体，承担能力较矩形更强，有效容积≥28m³。

（5）罐体内壁材料选用 WH590E（高强度钢）壁厚≥12mm，保证罐体承压强度。

（6）外罐体材质采用彩铝板，防止辐射和热传递。保温材料采用聚氨酯发泡绝热，外层涂防水层，防止雨水渗漏至夹层。挂车行走机构采用整体 Z 形下沉梁，有效减少车辆行驶过程中的共振现象。

（7）选装屏蔽泵，整车及半挂车上采用不同的流量、扬程及功率的泵，保证可在短时间内装卸液体。配置电控柜，设置正转、反转自动切换开关，使屏蔽泵只能朝一个方向旋转，防止不同地方三相电流方向不一致，损坏屏蔽泵。电机选用防爆电机，提升操作安全可靠性能。

（8）挂车出液口采用防涡流装置，防止泵打液体时产生气蚀，出现不出液的现象。

（9）挂车标配 EBS 电子制动系统，减少紧急制动产生的侧滑跑偏、刹车时间过长等问题。

（10）车辆配备的压力表配置超压、低压报警装置；车辆装卸流程，阀门应有"开""关"标识，管道设有流向标识；装卸流程配备自动切断装置，并在操作箱内张贴操作规程图示，指引操作人员规范操作。

（11）车辆应按照相关法律法规的要求注册登记，申请危险货物运输资格，取得车辆号牌、机动车辆行车证和相应的危险货物运输资格后，方可从事液态二氧化碳运输。

三、公路运输运行过程管理

1. 公路运输基本要求

（1）运输队伍要求

承运危险货物的单位应具有合法有效的运输资质，生产经营单位的经营范围应包含危险货物运输。

（2）人员要求

罐车驾驶员应持有公安部门核发的有效驾驶证和交通主管部门核发的道路运输从业人员（道路危险货物驾驶员）从业资格证。

罐车押运员应持有交通主管部门核发的道路运输从业人员（道路危险货物押运人员）从业资格证和质量技术监督部门核发的移动式压力容器操作资格的特种设备作业人员证，且证件在审验有效期内。

（3）车辆要求

液态二氧化碳罐车的罐体应符合 GB/T 19905—2017《液化气体汽车罐车》的规定，由于罐体属于移动式压力容器，还应满足特种设备有关安全技术规范 TSG R0005—2011《移动式压力容器安全技术监察规程》的规定。

罐车的外观涂装应符合 GB 190—2009《危险货物包装标志》，标明包装标志、介质（限一种介质）和下次全面检验的日期。罐车整车设计应参考 NB/T 47058—2017《冷冻液化气体汽车罐车》的一般要求，并符合 GB 7258—2017《机动车运行安全技术条件》和 GB/T 23336—2022《半挂车通用技术条件》的相关要求。设置的排气火花熄灭器应符合 GB 13365—2005《机动车排气火花熄灭器》，排气装置整体应密闭完好，无串气漏气的孔洞或缝隙。车辆尾部及牵引车后部应安装符合 JT/T 230—2021《汽车导静电橡胶拖地带》规定的导静电橡胶拖地带。带屏蔽泵的二氧化碳罐车属于有特殊使用要求的移动容器，应按 TSG R0005—2011《移动式压力容器安全技术监察规程》中第 1.7 条规定进行专门的技术评审。卸液泵管道的设计应符合 GB 50316—2000（2008 版）《工业金属管道设计规范》的规定。

（4）个人防护要求

在二氧化碳装卸过程中，操作人员除穿戴防护服、工鞋和安全帽以外，还需要佩戴护目镜和防冻手套等劳保用品，在连接屏蔽泵电源时应佩戴绝缘手套。在运输过程中，若发生交通事故或失火、泄漏事故时，相关操作人员应佩戴好相应的个体防护装备，然后采取应急救援程序步骤。上述个体防护装备的标准按照 GB 39800.1—2020《个体防护装备配备规范 第1部分：总则》及相关行业个体防护装备配备的国家标准执行。

2. 充装液运行过程管理

（1）充装前检查

进入充装区前，关闭防火帽，将火种、手机交至指定地点；将车辆停放至指定位置，关闭总电源开关，用止退器将轮胎固定；充装液前，应做好安全防护措施，操作人员穿戴好防护服、安全帽和防冻手套，佩戴护目镜，连接好静电接地线；罐车操作箱内的压力表阀、气路总开关应处于常开状态，泵后出液阀应处于常闭状态；将车辆液相管线、气相管线分别与储存罐液相管线、气相管线连接，安装好防脱链。

（2）充装中检查

操作人员开启均压阀，车内和储罐内的内压趋于平衡，压力平衡可通过观察压力的读数确定；均压阀开启，当刺耳的响声消失后，表示压力趋于平衡，严禁充装人员向无压力的车内充装液体；待充装人员开启贮罐上的出液阀后，操作人员开启气液排空阀进行管路吹扫；操作人员再次确认泵进口阀门是否处于全开位置，使进口液体能畅通进入泵内；泵正常启动后，密切监视泵出口压力表示数，不得超过 2.1MPa，开始充装液体。

充装中出现下列情形时，应当立即停止作业：

① 观察车辆罐体的压力表，压力超过规定的工作压力（2.1MPa）时，停泵作业。

② 车辆罐体液位指示接近额定载液量时，打开测满阀，当有液体喷出时，根据介质温度的不同情况，不能以测满阀喷出液体判断充液结束，应严密注视液位计和附带充液量对照表，当充液量达到对照表额定数据时，停泵作业。

（3）充装结束

充装液体结束后，操作人员关闭测满阀、进液阀和均压阀；操作人员打开气液吹扫阀，排尽输液软管中的残液残气；操作人员拆卸输液软管和气相软管(均压软管)，将软管放入操作箱内，收回静电接地线和止退器，关闭操作箱门。

（4）注意事项

充装前罐车内压力不得低于 1.2MPa，温度不高于 50℃；罐车压力检查利用罐车上的压力表进行，并与装卸臂气相管上的压力表的数据进行对比；在雷雨等恶劣天气禁止充装。

3. 运输过程运行过程管理

（1）出车前检查

驾驶员应穿戴好符合作业要求的劳保用品，携带齐全各类证件单据，具备操作相应车型及作业的技能要求及资格，并取得生产经营单位内部机动车辆准驾证。车辆应符合国家法律法规和相关安全技术标准，并经检测合格。驾驶员应按照例保作业要求，认真检查车辆刹车、灯光、转向、连接、传动、罐体等部位以及车辆各类附属设施是否齐全完好，保持驾驶室内整洁规范，发现隐患及时排除，杜绝车辆带病上路。出车前，驾驶员应知晓作业任务及安全风险，参加晨会接受安全教育。无固定运行方案的长途任务应按照长途车审批权限进行逐级审批，安全部门登记备案后方可执行。车辆各类监控设施必须确保完好在线方可出车，恶劣天气和特殊任务出车时实施分级控制管理。

（2）运输中检查

严格按照道路限速要求及指定行驶路线、车道行驶。运输二氧化碳的车辆在一般道路上最高车速为 60km/h，在高速公路上最高车速为 80km/h，并应确认有足够的安全空间距离。通过非机动车道、转弯、下坡、遇能见度 50m 以下的雨雾沙尘天气、冰雪或泥泞道路等，最高行驶速度不得超过 20km/h。不应进入禁止通行的区域，确需进入禁止通行区域的，应当事先向当地公安部门报告，按照公安部门指定线路、时间行驶。禁止在学校、幼儿园、医院、商场和公共广场等人员密集的地方停车。遇有雷雨时，不应在树下、电线杆、高压线、铁塔、高层建筑及容易遭到雷击和产生火花的地点停车。临时停车时，车辆应与周围设施保持安全距离，并有专人看管。需要停车住宿或遇有无法正常运输的情况时应向当地公安部门报告。停车位置应通风良好，不得在烈日下长时间曝晒。

在运输过程中，除驾驶员外，还应当在专用车辆上配备押运员，确保货物处于押运员监管之下。押运员宜由托运单位配备或托运单位、承运单位双方协议确定。应严密注视车内压力表的工作情况和其他异常情况，并每隔2h停车检查一次。罐车重车不得长期停留，抵达目的地后应及时卸车，不能兼作储罐用。若发现问题应及时会同驾驶员采取措施妥善处理，当压力表读数接近安全阀排放值前，应将车开到人烟稀少的空旷处，打开排空阀，进行排气泄压。泄压时，必须注意冷态气体形成的白雾不能影响其他车辆或行人的安全。必要时应及时联系当地公安等有关部门予以处理。驾驶员、押运员不应擅自离岗、脱岗。

液态二氧化碳车辆应专罐专用，首次投入使用应按规定进行气体置换，不得使用保温效果较差的罐体装运。如长时间不用，应将罐内的液体放掉并保持余压。发生故障需修理时，应选择在安全地点和具有相关资质的汽车修理企业进行修理，禁止在装卸作业区内维修车辆。正常运输中不得人为关闭紧急切断阀、安全阀，如果发生异常或大规模泄漏，驾驶员应立即选择安全地点停车熄火，切断汽车总电源，戴好防护面具与绝缘手套快速关闭车辆紧急切断装置，与押运员一起尽可能地采取堵漏、设置警示标志、组织人员朝逆风方向疏散等相应的应急救援措施。同时应立即拨打"119""122""110"等应急救援电话，并向单位报告。

（3）收车

车辆归队后应按指定位置整齐停放，禁止乱停乱放和堵塞消防通道；停车熄火，拉紧手刹，关闭总电源，关闭门窗，落实好"三交一定"要求；对车辆进行归场安全检查，有故障及时上报维修；车辆因特殊情况不能按时归队的，执行"晚归汇报"制度；应检查确认车辆所有阀门均已关闭，静电拖地带保持接地状态；不得在停车场或其他非装卸场所排放罐内残余液体。

4. 卸液运行过程管理

（1）卸液前检查

进入卸液区前，关闭防火帽，将火种、手机交至指定地点，驾驶员将车辆停放至指定地点，关闭总电源开关。卸液前，应做好安全防护措施，押运员应穿戴防护服、安全帽和防冻手套，佩戴护目镜，连接好静电接地线，放置止退器。操作人员负责检查卸液流程及确认防脱链完好无损，连接紧固，管线密封材料齐全；检查确认储罐液相、气相、放空阀门严密无泄漏，阀门开关灵活好用；在卸液软管长度半径以外（以软管长度最长可触及位置为准）设立安全警戒区，警戒区域内不得有其他施工与闲杂人员；确定罐车上的压力表阀、气路总开关阀、紧急切断阀都处于常开状态，泵后进液阀处于关闭状态；将车辆操作箱内的液相、气相管线分别与储存罐液相管线、气相管线连接，安装防脱链；将操作箱内的电源防爆插头与配电箱内的防爆插座进行连接，确保电源为三相 380V。

（2）卸液中检查

操作人员开启罐车上的气相阀，然后打开罐车气相排空阀，对管线里残留的空气进行吹扫，吹扫干净后关闭排空阀。打开储罐气相阀门，使储罐、罐车气相压力平衡时，应观察罐车上压力读数与储罐上的压力读数基本一致，趋于平衡状态。打开液相管线排空阀门，排空混合气后，关闭排空阀门。检查确认管线连接牢固、压力正常，启动泵，开始向受液储罐内充液。同时密切监视泵出口压力表、供液压力表、受液储罐和供液罐车的液位计，确保罐车的压力不低于 1.2MPa（低于时容易形成干冰），储罐的压力不高于其规定的工作压力 2.1MPa（高于时安全阀自动开启），使其始终处于安全范围内。

（3）卸液结束后的操作

卸液结束，操作人员首先要停泵，依次关闭罐车上的液相阀、气相阀；开启罐车液相排空阀和气相排空阀，排尽输液软管中的残液残气并关闭；卸下气相软管和液相软管，并放入车厢的软管箱内，切断电源把电源线收到操作箱内，再把止退器放入工具箱，关闭操作箱门。

（4）注意事项

排空操作时，人员要远离排空区域，防止冻伤、刺伤、窒息。必须按操作规程操作，严禁未进行气压平衡直接向液相管线进液，严禁向无压力的储罐内卸液，防止管线冻凝、罐体损坏事故的发生。严禁用力敲打卸车软管接头，严禁使用破损的金属软管。

四、公路运输主要风险及管控措施

1. 装卸液环节主要风险及管控措施

（1）车辆就位和驶离过程

主要风险：在车辆停至或驶离指定位置时，由于车身较长存在盲区观察不到位可能发生碰撞风险，有车辆线路故障起火、充装过度超载引发交通事故等风险。

管控措施：倒车时驾驶员将两侧玻璃降下，利用倒车影像做好观察，押运员下车侧位指挥；车辆停好后熄火、切断总电源开关，放置止退器；装车后车辆过磅，如出现超载应卸减至合格后方可出场；应对气相、液相接口用盲板密封。

（2）连接和拆卸管线过程

主要风险：在连接或拆卸管线时，存在管线未可靠连接造成受压后脱开伤人、未排尽余压造成管线甩动伤人、管线搬运时造成人员被砸伤、屏蔽泵连接插座或拆除电线可能造成人员触电等风险。

管控措施：必须两人及以上同时抬移管线；管线连接时端面要保持平行，安装好垫片，并用工具紧固到位；拆除前确认管线前、后阀门均已完全关闭，先泄压，待管线内压力落"0"后，方可拆卸；按要求安装、拆卸防脱链；按用电规范进行屏蔽泵接线、拆线。

（3）压力平衡过程

主要风险：在平衡压力时，存在循环流程未完全导通造成启泵后憋压的风险；阀门开启过快，管线瞬间增压，可能造成接头脱落、管线破裂和二氧化碳泄漏等风险。

管控措施：装卸软管出现破损、硬弯等缺陷或使用达到 2 年强制更换，每年试压 1 次；必须吹扫排空阀，检查确认循环流程已全部导通后方可进行下一步操作；遵循"谁的设备谁操作"的原则，严格按照设备操作规程进行流程操作；阀门冻结不得进行敲击或使用加力扳手，可使用清洁无油的热水缓慢烫开。

（4）充装、卸液过程

主要风险：在充装、卸液时，存在管线破损、超压可能造成管线甩动伤人和二氧化碳泄漏、超充造成二氧化碳外溢、卸液过快造成"冰

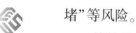

堵"等风险。

管控措施：驾驶员应站在罐体两侧紧急切断阀位置尽可能远离管线处进行全程的监装，禁止人员从管线上跨越；装车达到许可充装量时应立即通知停泵，卸车控制流速、保留罐内余压 1.2MPa 以上；装卸期间不得启动或移动车辆，装卸中断超过 4h 应解脱连接管线；车辆待装待卸远离居民区并停放在高处空旷地带。

2. 运输环节主要风险及管控措施

运输途中主要有驾驶员违反交通法规或身体原因造成的道路交通事故，设备超压容器物理爆炸，引发的人员伤亡以及泄漏、冻伤、中毒窒息次生事故等 3 类风险。

（1）一般道路运输过程

主要风险：在一般道路运输中，存在因驾驶员违章、不文明驾驶引发道路交通事故，进而衍生泄漏、冻伤、窒息、爆炸等次生事故的风险；还存在因罐体超温超压引发泄漏、物理爆炸的风险。

管控措施：出车前对驾驶员、押运员进行风险告知，对酒驾醉驾、身体状况不佳人员进行筛查，对车辆及安全附件、随车装备进行检查，优化路线，尽量避开交通复杂路段。合理组织运行，避免驾驶员产生疲劳驾驶(连续驾驶不得超过 4h)，严格落实押运员配备制度，途中每隔 2h 进行一次检查，如发现容器超压、结霜等异常及时处理。辨识道路风险，实施路书管理，车辆动态监控系统加强人员超速、疲劳驾驶、分心驾驶、违停等行为的监管。

（2）人员密集区运输过程

主要风险：在通过人员密集区时，由于交通流量大，且存在随意变道、争道抢行和超速行驶现象，增加了事故发生的可能性，若发生事故，其事故后果严重性更大；因交通情况较为复杂，若驾驶员注意力不集中，将导致事故发生可能性增加。

管控措施：落实一般道路运输的基本安全措施，分区域、路线控制车速，路口转弯控制车速不超过 20km/h，推广路口停车 3s 起步；强化押运员职责，做好风险的实时提醒。

（3）油区道路运输过程

主要风险：通过油区道路时，道路狭窄，路况差，视线盲区多，容易发生刮碰事故；雨季泥泞、翻浆路段车辆容易侧滑、陷坑，或刹车距离增大；桥涵路面有可能比连接道路路面窄，容易疏忽引发事故。

管控措施：落实一般道路运输的基本安全措施，分区域、路线控制车速，路口转弯控制车速不超过 20km/h，推广路口停车 3s 起步；强化押运员职责，做好风险的实时提醒；进行路线踏勘，指定行车路线；车辆侧翻施救考虑先将罐车内介质导出。

（4）夜间运输过程

主要风险：在夜间运输时，可视条件差，视线模糊，易发生事故；夜间作业人员易疲劳，反应迟钝，判断能力下降，易发生事故。

管控措施：落实一般道路运输的基本安全措施，与用车方做好沟通，尽量减少夜班出车，不得安排日间连续运输人员执行夜班任务；夜班车实行报备、单独交代并重点监控；夜间车速控制为日间的80%，且连续驾驶不得超过 2h。

（5）特殊天气运输过程

主要风险：在雨、雾、沙尘天气进行运输任务时，能见度降低，驾驶员观察判断受影响，易发生事故；雨、雪路面附着力降低，制动和操控稳定性受影响，易发生事故；换季期驾驶员易产生困倦疲劳驾驶，易发生事故。

管控措施：落实一般道路运输的基本安全措施，恶劣天气延迟出车；能见度低、路况差的环境控制车速不超过 30km/h；夏季避开高温时段，保障人员休息。

（6）长途运输过程

主要风险：在长途运输时，由于运距长且主要通过高速，不确定风险多，人员易疲劳、车速快，容易发生恶性交通事故；车辆高速运行情况下，刹车、转向、轮胎、主挂连接等关键部位稳定可靠性下降，容易发生恶性交通事故。

管控措施：落实一般道路运输的基本安全措施，实行分批次装车、指派带队人员，优选"双驾"驾驶员及车辆；常规长途任务制定工作运行方案，非常规长途任务出车前实行交代任务、交代路线、交代安全、查验车辆的"三交一验"审批制度；指定临时休息区，确保驾驶员不出现疲劳驾驶。

3. 其他主要风险及管控措施

（1）车辆燃料

主要风险：车辆燃料属于易燃易爆物品，长时间在油箱内也会挥发有机可燃气体，在加注燃料时遇到明火会引发火灾，甚至造成爆炸。

管控措施：在加注燃料和油箱打开的情况下，禁止吸烟和使用手机等，燃料加注完成确保油箱盖上锁。另外，车上配备灭火器，用以防止油箱撞击变形等引发的火灾和爆炸。

（2）车辆罐体阀门结冰

主要风险：因阀门开启放空时，减压吸热，会导致空气中的水蒸气结冰。如果含水量较多，有可能在阀内结冰，严重时造成车辆罐体结冰。温度下降过多会导致阀内的橡胶密封件失效，漏气。

管控措施：阀门的开启必须缓开缓闭，严禁使用"F"扳手操作，若发现阀门冻住，严禁使用重物敲击、火烤和冷水喷淋等方法解冻，应使用 70~80℃ 热空气或温水解冻后，方可操作。发现运输车储罐的任何部位结冰都不得用锤或其他物件敲击，发现出现轻微结冰时及时关闭放空阀，防止结冰程度加深，并及时使用热空气和温水解冻一段时间后再进行放空操作。

五、公路运输应急处置

公路运输及充装、卸液过程中可能发生交通、火灾、二氧化碳泄漏、物体打击等事故。事故发生后要及时报告值班调度，并对现场进行控制。报告的内容主要包括事故发生的时间、地点、行驶方向；车辆牌照、类型、运输介质、吨位及当前状况；人员伤亡情况，已采取的应急处置措施，报告人姓名及联系方式(图 2-6)。

1. 交通事故现场应急处置

立即停车，拉紧驻车制动；开启危险报警闪光灯，夜间同时开启示廓灯和后位灯。普通道路在车后 50~100m 处设置警告标志；高速公路在来车方向 150m 以外设置警告标志。保护现场，抢救伤员，向"120"报告，向"122""119"报警，向保险公司报案，向调度室汇报。

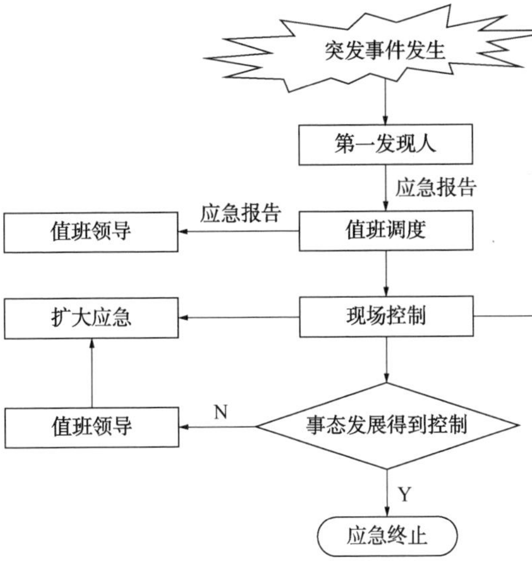

图 2-6　公路运输应急处置流程图

2. 火灾事故现场应急处置

发生火灾时，应将车辆尽可能移至安全地带后，停车并关闭点火开关，拉紧驻车制动，向"119"报警。普通道路在车后 50~100m 处设置警告标志；高速公路在来车方向 150m 以外设置警告标志。与押运员配合，站在上风向，利用车载灭火器，实施初期灭火；判定火情无法控制时，应远离火灾现场，并最大限度地疏散人员、车辆。向保险公司报案，向调度室汇报。

3. 二氧化碳泄漏应急处置

发生二氧化碳泄漏时，应将车辆尽可能停放至安全区域，避开人员密集区、重要建筑物、窨井、下水道和水源，停车并关闭点火开关，拉紧驻车制动。立即关闭紧急切断阀，并组织人员向上风口疏散。普通道路在车后 50~100m 处设置警告标志；高速公路在来车方向 150m 以外设置警告标志。判定泄漏无法控制时，应立即撤离现场，等待救援机构处置，并通知周边人员疏散。向"122""119"报警，向保险公司报案，向调度室汇报。

4. 物体打击应急处置

卸液作业过程发生卸液软管断裂、脱落等情况，管线甩动伤人，作业人员应立即关闭紧急切断阀，关停屏蔽泵，监护人员关闭储罐阀门，疏散现场人员，并向上风口转移。如有人受伤立即拨打"120"急救电话，拨打调度室电话汇报现场情况。

第三节 水路运输风险防控

水路运输具有载重量大、成本低、能耗小、投资少的特点。在水运发达的地区，对于二氧化碳驱油、压裂前置等单日注入量大的井或还未铺设管道的固定注入区块，可选用水路漕船运输的方式。

一、水路运输工艺流程与技术

1. 二氧化碳水路运输工艺流程

二氧化碳漕船船长在充装操作人员指引下将船停至指定泊位，然后配合充装人员进行资质检查，检查合格后开始充装。将漕船上槽罐与充装码头的气相口、漕船与充装码头的液相口对应连接。关闭气相排空阀、液相排空阀，打开槽罐气相阀、槽罐液相阀，打开气相平衡阀、泵后出液阀。启动充装泵，工作无异常。停止充装时，关闭泵后出液阀、气相平衡阀，关闭槽罐气相阀、槽罐液相阀，打开气相排空阀、液相排空阀，待气、液相不锈钢波纹软管内压力为"0"后拆卸不锈钢波纹软管。装载量不得超过最大允许充装量。充装涉及的储罐、槽罐全程压力不得低于 1.3MPa。充装过程中充装人员不得离开充装现场。充装结束后，按照充装操作人员的指挥离开泊位，按照指定的运输路线执行二氧化碳运输任务。船长将漕船停至指定卸液点，随后船长及船员配合卸液操作人员进行卸液工作，待卸液结束后，在卸液操作人员的指挥下离开。

2. 精准计量充液

漕船充装口液相前安装质量流量计，气相前安装弯管流量计，根据所需充装的吨位进行设定，达到所需充装吨位，自动切断充装。漕船需在低温下进行二氧化碳充装作业，为防止不在低温下充装压力显高情况的发生，漕船增加了气相阀降压装置，可使漕船重新达到最低压力，从而继续充装作业。在充装过程中，为观察罐体内液位高度，漕船增加了液位计装置。

3. 恒温恒压安全运输

二氧化碳的运输过程需要保持恒温恒压状态，为保持罐体温度平衡，罐体采用阻燃聚氨酯发泡材质保温层；为保持罐体压力平衡，漕船具备安全阀等泄压装置。

4. 全密闭卸液

卸液时，漕船操作箱内的液相、气相管线分别与储存罐液相、气相连接，实现全密闭卸液。

5. 结干冰预防

二氧化碳介质在液体膨胀或汽化时会吸收周围的热量从而使周围液体温度降低形成干冰，为防止干冰形成造成罐体内失压，需要在卸液时对漕船与储罐之间进行气相平衡，控制卸液速度；日常需对罐体的管路、阀门及卸液泵系统等进行严格检查。

二、水路运输主要设备设施

水路运输的主要设备设施为液化气船。其主要结构有推进装置、锚设备、舵设备、金属软管、消防设施、液态二氧化碳罐(图2-7)。

图2-7 液化气船

液态二氧化碳漕船技术要求：漕船罐体设计压力为2.5MPa，工作压力≤2.2MPa；正圆罐体，承载能力较矩形更强，有效容积≥220m³；罐体内壁材料选用要满足罐体承压强度；泵选装屏蔽泵，选择合适的流量、扬程及功率的泵，保证可在短时间内装卸完液体。电机选用防爆电机，提升操作安全可靠性能；漕船配备救生衣三套。

漕船配备的压力表配置超压、低压报警装置；漕船装卸流程，阀门应有"开""关"标识，管道设有流向标识；装卸流程配备自动切断装置，并在操作箱内张贴操作规程图示，指引操作人员规范操作。

漕船应按照相关法律法规的要求注册登记，申请危险货物运输资格，取得车辆号牌、机动车辆行车证和相应的危险货物运输资格后，方可从事液态二氧化碳运输工作。

三、水路运输运行过程管理

1. 水路运输基本要求

（1）运输队伍要求

承运危险货物的单位应具有合法有效的运输资质，生产经营单位的经营范围应包含危险货物运输。

（2）人员要求

漕船船员应持有中华人民共和国海事局颁发的船舶船员适任证和船员特殊培训合格证。

（3）漕船要求

液态二氧化碳漕船的罐体应满足特种设备有关安全技术规范 TSG R0005—2011《移动式压力容器安全技术监察规程》的规定。带屏蔽泵的二氧化碳漕船罐体属于有特殊使用要求的移动容器，应按 TSG R0005—2011 中的规定进行专门的技术评审。卸液泵管道的设计应符合 GB 50316—2000《工业金属管道设计规范》的规定。

（4）个人防护要求

在二氧化碳装卸过程中，操作人员除穿戴防护服、工鞋和安全帽以外，还需要佩戴护目镜和防冻手套等劳保用品，在连接屏蔽泵电源时应佩戴绝缘手套。在运输过程中，若发生交通事故或失火、泄漏事故时，相关操作人员应穿戴好相应的个体防护装备，然后按照应急救援程序步骤操作。

2. 装卸液运行过程管理

（1）装卸液前检查

充装漕船应随船携带相关文件和资料，充装操作人员按照"一船一档"的原则核对以下档案：船舶船员适任证和船员特殊培训合格证；漕船使用证、道路危险品运输证；罐体定期检验报告、安全附件检测报告、运行检查记录本、漕船装卸记录。

（2）漕船充装前现场检查

凡属下列情况之一者，应禁止充装：漕船的漆色、铭牌和标志与相关规定不符，或与所装介质不符，或脱落不易识别者；安全防火、灭火装置及附件不全、损坏、失灵或不符合规定者；检查罐内余压低于1.3MPa者；船体、罐体（含管路阀门和液位计、安全阀、压力表等安全附件）外观检查有缺陷、不能保证安全使用者。

充装前应检查船员有无穿戴救生衣，二氧化碳储罐标识是否齐全醒目，接地装置是否齐全，不锈钢波纹软管防脱装置是否齐全，罐体和船体是否连接完好可靠；专用工具和备品备件是否配备完好可靠。

（3）漕船装卸过程检查

检查缆绳有无异常，罐船的接地装置是否与接地线连接，软管防脱装置连接是否可靠，紧急切断阀工况显示是否正常，充装压力是否正常，现场有无泄漏。

（4）漕船装卸后检查

充装泵应完全停止。检查充装相关阀门开闭情况，不锈钢波纹软管内压力应归"0"，临时电缆由电气专业人员断电并确认无电后方可拆卸，接地装置、不锈钢波纹软管等充装连接件应分离，罐体外壁应无异常结露结霜现象，充装记录填写齐全并符合要求。

四、水路运输主要风险及管控措施

1. 装卸液环节风险识别及管控措施

（1）漕船就位和驶离过程

风险识别：在漕船停至或驶离指定泊位时，由于船体较长存在盲区观察不到位可能发生碰撞风险，充装过度超载引发交通事故等风险。

管控措施：漕船掉头或侧方停靠时，船长将利用视镜影像做好观察，船员做好四周观察进行指挥；漕船停好后熄火、切断总电源开关，系好缆绳；装船过程中，密切关注液位计，防止流量计故障出现充装过量情况，如出现超载应卸减至合格后方可离开现场；应对气相、液相接口用盲板密封。

（2）连接和拆卸管线过程

风险识别：在连接或拆卸管线时，存在管线未可靠连接造成受压后脱开伤人、未排尽余压造成管线甩动伤人、管线搬运时造成人员被砸伤、屏蔽泵连接插座或拆除电线时可能造成人员触电等风险。

管控措施：必须两人及以上同时抬移管线；管线连接时端面要保持平行，安装好垫片，并用工具紧固到位；拆除前确认管线前、后阀门均已完全关闭，先泄压，待管线内压力落"0"后，方可拆卸；按要求安装、拆卸防脱链；按用电规范进行屏蔽泵接线、拆线。

（3）不锈钢波纹软管泄漏

风险识别：充装过程中不锈钢波纹软管发生泄漏时，二氧化碳泄漏会造成人员窒息、眩晕和冻伤；金属软管由于充装泄漏，会因甩动而造成人身伤害，存在物体打击现象。

管控措施：现场人员立即撤离至上风区，同时报告现场管理人员或负责人听从指挥进行应急处置，应急处置人员穿戴正压式呼吸器，佩带手持式二氧化碳浓度检测仪，进行停止充装泵，关闭紧急切断阀等操作，同时要确认不锈钢波纹软管没有断、脱后，关闭槽车（船）相关阀门；若不锈钢波纹软管断、脱后发生相对运动，不得靠近泄漏点；对泄漏现场进行通风，待不锈钢波纹软管无余压后更换符合本规范要求的不锈钢波纹软管。

（4）压力平衡过程

风险识别：在平衡压力时，存在循环流程未完全导通造成启泵后憋压的风险；阀门开启过快，管线瞬间增压，可能引发接头脱落、管线破裂和二氧化碳泄漏等风险。

管控措施：装卸软管出现破损、硬弯等缺陷或使用达到5年强制更换，每年试压1次；必须吹扫排空阀，检查确认循环流程已全部导通后方可进行下一步操作；遵循"谁的设备谁操作"的原则，严格按照设备操作规程进行流程操作；阀门冻结不得进行敲击或使用加力扳手，可使用清洁无油的热水缓慢烫开。

（5）二氧化碳储罐或槽罐泄漏

风险识别：充装过程中二氧化碳储罐或槽罐泄漏存在窒息、眩晕、冻伤等伤害。

管控措施：现场人员立即撤离至上风区，同时报告现场管理人员或负责人并听从其指挥进行应急处置，应急处置人员穿戴正压式呼吸器，佩带手持式二氧化碳浓度检测仪，进行停止充装泵，关闭紧急切断阀等操作，同时现场确认非二氧化碳储罐或槽罐本体或靠近储罐侧阀门泄漏后，禁止他人进入货舱或其他封闭处所，关闭储罐或槽车(船)相关阀门；若为二氧化碳储罐或槽罐本体或根部阀泄漏，关闭相连流程阀门，不得靠近泄漏点，对泄漏现场进行通风，待储罐或槽罐无余压后对二氧化碳储罐和槽罐进行维修。

（6）充装泵泄漏

风险识别：充装过程中充装泵泄漏存在窒息、眩晕、冻伤等伤害。

管控措施：现场人员立即撤离至上风区，同时报告现场管理人员或负责人，听从其指挥进行应急处置，应急处置人员佩戴正压式呼吸器，携带手持式二氧化碳浓度检测仪，进行停止充装泵，关闭紧急切断阀、关闭储罐及漕船相关阀门等操作，对泄漏现场进行通风，待充装泵无余压后进行维修。

2. 运输环节风险识别及管控措施

运输途中主要有船员违反《国内水路运输管理条例》或身体原因造成的水路交通事故，设备超压容器物理爆炸引发的人员伤亡以及泄漏、冻伤、中毒窒息次生事故等3类风险。

（1）水路运输过程

风险识别：因船员违章、不文明驾驶引发水路交通事故，进而衍生泄漏、冻伤、窒息、爆炸等次生事故的风险；还存在因罐体超温超压引发泄漏、物理爆炸的风险。

管控措施：运输前对船员进行告知，对酒驾醉驾、身体状况不佳人员进行筛查，对船舶船员适任证和船员特殊培训合格证、漕船使用证、道路危险品运输证；罐体定期检验报告、安全附件检测报告等进行检查。运输过程中严格控制船速，载货时不超过5km/h，空载时不超过7km/h，合理组织运行，避免驾驶员产生疲劳驾驶(连续驾驶不得超过4h)，严格落实船员配备制度，途中每隔2h进行一次检查，发现容器超压、结霜等异常及时处理。若航行时发生碰撞，及时检查储罐有无泄漏，若发生泄漏应调整航向使泄漏气体从下风口消散。当本船与他船发生碰撞后，应将本船的船名、国籍、船籍港、所属公司名称、出发地和目的港以及本船受损情况通知对方，并取得对方船长的签字证明。同样，也应取得对方的相应资料并予以签字证明。应经常(特别是夏季环境气温高于30℃时)检查罐体压力表读数，防止安全阀失灵，导致罐体超压发生意外，必要时人工操作泄压。

（2）夜间运输过程

风险识别：在夜间运输时，可视条件差，视线模糊，易发生事故；夜间作业人员易疲劳，反应迟钝，判断能力下降，易发生事故。

管控措施：利用一切可行手段加强瞭望，使用适合当时环境和情况的安全航速并采取安全防范措施，使用系统雷达观测，充分利用 AIS、VITS 信息联系，确保安全避让。落实水路运输的基本安全措施，尽量减少夜间行驶，不得安排日间连续运行人员执行夜班任务；夜间行船实行报备、单独交代并重点监控；夜间车速控制为日间的 80%，且连续驾驶不得超过 2h。应将航行指示、注意事项和其他重要布置明确记入《航行日志》。

（3）特殊天气运输过程

风险识别：在台风、雨、雾、沙尘、潮汐天气进行运输任务时，能见度降低，船员观察判断受影响，易发生事故；换季期驾驶员易困倦而疲劳驾驶，易发生事故。

管控措施：掌握潮汐、水流、风向力的变化和对航行的影响，检查和监督船员正确测定船位，使船舶保持在计划航线上。落实一般水运运输的基本安全措施，恶劣天气延迟出航；能见度低、路况差的环境控制载货的船速为 5km/h；夏季避开高温时段，保障人员休息。

（4）重大事故时

风险识别：船舶遇难船长决定弃船时。

管控措施：关闭油舱（柜）等高门。弃船时有秩序地安全、迅速离船，先安排船员离船，船长应当最后离船。在离船前，船长应当指挥船员携带《航行日志》《轮机日志》《油类记录》《电台日志》，以及本航次使用过的航行图和文件等。

3. 其他主要风险及管控措施

（1）漕船燃料

风险识别：漕船燃料属于易燃易爆物品，长时间在油箱内也会挥发有机可燃气体，在加注燃料时遇到明火会引发火灾，甚至造成爆炸。

管控措施：在加注燃料和油箱打开的情况下，禁止吸烟和使用手机等，燃料加注完成确保油箱盖上锁。另外，确保漕船灭火系统处于完好状态，用以防止油箱被撞击变形而引发火灾和爆炸。

（2）漕船罐体阀门结冰

风险识别：因阀门开启放空时，减压吸热会导致空气中的水蒸气结冰。如果含水量较多，有可能在阀内结冰，严重时造成漕船罐体结冰。温度下降过多会导致阀内的橡胶密封件失效，漏气。

管控措施：阀门的开启必须缓开缓闭，严禁使用"F"扳手操作，若发现阀门冻住，则严禁使用重物敲击、火烤和冷水喷淋等方法解冻，应使用 70~80℃热空气或温水解冻后，方可操作。发现漕船储罐的任何部位结冰都不得用锤或其他物件敲击，发现出现轻微结冰时及时关闭放空阀，防止结冰程度加深，并及时使用热空气和温水解冻一段时间后再进行放空操作。

五、水路运输应急处置

充装场所应配备正压式呼吸器、压力合格的气瓶、手持式二氧化碳浓度检测仪。充装期间，应准备相应应急物资，现场人员应熟悉流程后再操作，以应对突发情况。现场配备足够的消防器材，放置在方便拿取的地方。充装设备设施泄压期间，需进行二氧化碳浓度检测，同时关注风向、气压等环境因素。应按规定配置视频监控系统。监控范围应覆盖整个作业区，应能通过视频监控终端实时监视作业全过程。装卸场所有良好的通风条件或者设有足够能力的换气通风装置，以避免出现缺氧环境。装卸现场设有安全出口，周围设置安全标志，安全标志应当符合GB 2894—2008《安全标志及其使用导则》的有关规定。装卸场所应当满足漕船回转半径和停靠位置的要求，场地地面(水面)承载能力和水平度符合装卸要求。

水运输及充装、卸液过程中可能发生交通、火灾、二氧化碳泄漏、物体打击等事故。事故发生后要及时报告值班调度，并对现场进行控制。报告的内容主要包括事故发生的时间、地点、行驶方向；车辆牌照、类型、运输介质、吨位及当前状况；人员伤亡情况，已采取的应急处置措施，报告人姓名及联系方式。

1. 交通事故现场应急处置

立即停船，开启危险报警闪光灯。保护现场，抢救伤员，打"120"

求助。无法控制需弃船时，关闭油舱(柜)等高门。弃船时有秩序地安全、迅速离船，先安排船员离船，船长应当最后离船。在离船前，船长应当指挥船员携带《航行日志》《轮机日志》《油类记录》，以及本航次使用过的航行图和文件等。拨打"110""120"，并同时向调度室报告。

2. 火灾事故现场应急处置

船舶消防设施、设备应处于正常有效状态，一旦发生火灾，应驾船将起火部位置于下风，并迅速启动消防设施灭火。判定火情无法控制时，应远离火灾现场，并最大限度地疏散人员、车辆。拨打"119"，向调度室汇报。

3. 二氧化碳泄漏应急处置

现场人员立即撤离至上风区，同时报告现场管理人员或负责人听从指挥进行应急处置，应急处置人员佩戴正压式呼吸器，携带手持式二氧化碳浓度检测仪，停止充装泵，关闭紧急切断阀等操作，同时现场确认非二氧化碳储罐或槽罐本体或靠近储罐侧阀门泄漏后，禁止他人进入货舱或其他封闭处所，关闭储罐或槽车(船)相关阀门；若为二氧化碳储罐或槽罐本体或根部阀泄漏，关闭相连流程阀门，不得靠近泄漏点，对泄漏现场进行通风，待储罐或槽罐无余压后再对二氧化碳储罐和槽罐进行维修。判定泄漏无法控制时，应立即撤离现场，等待救援机构处置，并通知周边人员疏散。拨打"120""119"报警，同时向调度室汇报。

4. 物体打击应急处置

卸液作业过程发生卸液软管断裂、脱落等情况，管线甩动伤人，作业人员应立即关闭紧急切断阀，关停屏蔽泵，监护人员关闭储罐阀门，疏散现场人员，并向上风口转移。如有人受伤立即拨打"120"急救电话，拨打调度室电话汇报现场情况。

第三章

二氧化碳注入站场
风险防控

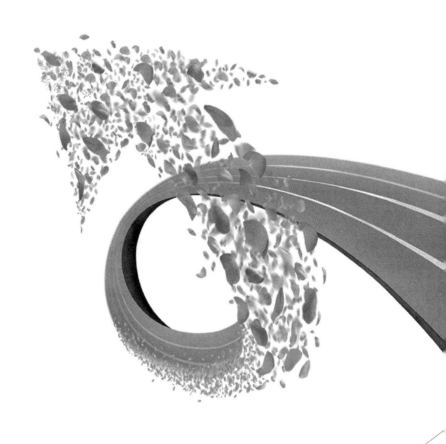

二氧化碳的注入站场主要有二氧化碳连续混相驱注入站、二氧化碳单井吞吐注入现场与二氧化碳前置压裂注入现场。注入方式主要有气态注入、液态注入、密相注入、超临界态注入等，现阶段多采用气态压缩机、液态柱塞泵、密相泵等注入工艺。

第一节　二氧化碳混相驱注入站风险防控

二氧化碳混相驱一般采用二氧化碳与水交替注入储层的方法，主要有连续注入、简单水气交替注入、锥形水气交替注入等。实施过程中一般先注入二氧化碳，再通过注水以改变二氧化碳的驱油效率，扩大二氧化碳的波及面积(图 3-1)。

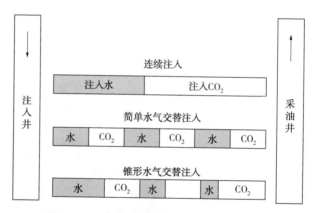

图 3-1　二氧化碳与水交替注入驱油示意图

一、二氧化碳混相驱注入站工艺流程与技术

液态二氧化碳注入工艺系统主要由储罐橇、注入泵橇、计量分配橇、流程管汇等部分组成。

1. 液态二氧化碳注入工艺流程

利用二氧化碳罐车将液态二氧化碳卸入储罐，通过地面管汇进入柱塞泵对其进行加压，或通过液态二氧化碳长输管道支线直接连接柱塞泵进行加压，经加压后的液态二氧化碳经计量分配后沿埋地管道克服地层压力注入油层(图 3-2)。

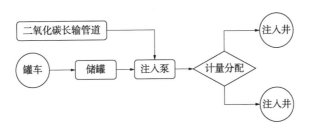

图 3-2　二氧化碳混相驱注入工艺流程图

2. 液态二氧化碳储存方式

注入站使用 $50m^3$、$100m^3$ 低温卧式液态二氧化碳储罐，储罐设有空温式汽化器、电磁加热器等补压装置起到加热液态二氧化碳使其汽化补充(维持)压力的目的，储罐工作压力维持在 $1.9\sim2.2MPa$，起到二氧化碳注入保供(用量、压力)作用。

3. 液态二氧化碳增压方式

柱塞泵依靠柱塞在缸体中往复运动，使密封工作容腔的容积发生变化来实现吸液、排液。柱塞泵具有额定压力高、结构紧凑、效率高和流量调节方便等优点，各注入站根据生产任务不同，配备相应数量的柱塞泵。

4. 液态二氧化碳计量方式

在计量分配橇内设置总流量计及各支路流量计，用来计量总流量及单井分流量，实现多口井同时注入。适用介质二氧化碳纯度大于 99%，计量精度：压力 $\pm0.075MPa$、温度 $\pm0.2℃$、流量 $\pm1.0\%$。

5. 自控及信息化

注入站具备数据及视频图像远传、本地及远程操控、异常预警、报表自动生成及无人值守功能。按照控制职能分为站控级、区域指挥级和生产指挥中心级三个层次。

站控级包括储罐橇、泵橇、分配橇、管线、井口工艺流程及控制逻辑。区域指挥级(图 3-3)包括网络、视频、远程控制、预警报警、远程应急。生产指挥中心级(图 3-4)包括远程指挥、PCS 系统。

二、储罐橇风险防控

1. 基本构成

储罐应设有双安全阀、爆破片等设施，应进行防腐、隔热；应设置稳压设施，应设压力、温度、液位显示及超限报警装置，应按设计设置固定式二氧化碳浓度检测报警仪，应设检修爬梯、罐顶应设检修平台、防护栏等，真空绝热储罐应设真空表。

图 3-3　区域指挥级

图 3-4　生产指挥中心级

装卸车管线接口与软管连接处应设置放空阀，接口应采用快速接头。装卸车阀门应采用易开关及耐磨损的二氧化碳专用阀。高压软管的材质应耐低温、耐腐蚀。压力等级应按设计选择。装卸车场宜配置强力排风机。

（1）储罐橇

储罐橇主要为移动分体式卧式单层结构，设计容量主要有 $50m^3$、$100m^3$ 两种规格。储罐橇主体设备是罐体，附属设备包括橇座、汽化器、阀门及管路、仪器仪表及安全附件等(图 3-5)。

图 3-5 二氧化碳储罐橇

无喂料泵的储罐工作压力应保持在 1.9~2.2MPa，是储存液态二氧化碳的压力容器。橇座用于支撑罐体，保证罐体水平稳定，为附属设备及流程提供安装位置。储罐作为固定式压力容器，年度检查每年至少一次，全面检验首检周期不超过 3 年，下次的全面检验周期由检验机构根据本次检验结果确定，安全状况等级为 1、2 两级，一般每 6 年一次；安全状况等级为 3 级，一般每 3~6 年一次。

（2）汽化器

汽化器（图 3-6）通过使少量液态二氧化碳汽化，增加储罐压力，以确保储罐内液态二氧化碳的相态稳定，减少注入泵气蚀现象。

图 3-6 二氧化碳储罐橇汽化器

汽化器的入口与储罐出液阀相连，出口与储罐连通，当环境温度高时，直接利用汽化器的翅片管与空气换热，将液态二氧化碳汽化。当储罐压力低于 1.9MPa 时，开启调压阀，转化后的气态二氧化碳通过自力式调压阀进入储罐进行补压；当压力大于 2.2MPa，关闭调压阀；当压力超过 2.4MPa，开启汽化器安全阀泄压。当汽化器末端翅片管出现结霜，或储罐压力无法正常补充时，改用自控式电磁加热器进行辅助加热。

电磁加热器是一种利用电磁感应原理将电能转换为热能的装置，通过将交流电整流成直流电，再将直流电转换成不同频率的交流电，产生交变磁场，通过金属管道使其本身自行发热，与管道内的介质(液态二氧化碳)进行热交换，从而达到加热液态二氧化碳的目的。自控式电磁加热器可以设置加热温度上下限，实现自动开关。

（3）储罐闸门及管路

二氧化碳储罐有两条输入管路，有三条输出管路。输入管路为一条气平衡管路和一条进液管路，当二氧化碳罐车进行卸液时，需先将罐车与储罐的气平衡管路相连，确保罐车与储罐压力平衡，再将罐车与储罐进液管路连通，通过罐车卸液泵，完成卸液。

输出管路分别为两条出液管路和一条气平衡管路，其中一条出液管路连通注入泵的进液阀，为注入泵提供液态二氧化碳；另一个出液阀连通汽化器，为储罐补压。气平衡管路连通注入泵回气阀，将注入泵内汽化的少量二氧化碳气体输回储罐，避免气体二氧化碳外排，同时给储罐补压，在储罐液态二氧化碳进入注入泵前，需先打开气平衡管路，保证注入泵与储罐压力平衡，再打开注入泵进液阀，通过储罐内的压力，将储罐内液态二氧化碳输入注入泵。

（4）注意事项

二氧化碳储罐首次灌充：应使用高纯气态二氧化碳进行吹除置换，使其罐体冷却，且所用的气态二氧化碳压力不能低于 1.5MPa，待罐体整体压力高于 1.5MPa 时，方可打开储罐液相阀进液。

二氧化碳储罐长期停用时应进行定期泄压，避免安全阀来回起跳失灵，失去保护作用。但泄压时要注意泄压的速度，不宜过快，保持一定的储罐压力。储罐压力一般不能低于 1.5MPa，防止储罐内二氧化碳大量汽化。

2. 储罐橇运行过程管理

二氧化碳储罐应确保配套的液位、压力、温度等自动化仪表应在检验有效期内并保持完好，真空度应在要求范围内，增压器应在工作状态、罐内液位、压力、温度应在规定范围内，工艺流程应导通。

（1）启运前检查

检查储罐橇检验日期在有效期内，外观完好，无破损、无鼓包、衔接处无渗漏；橇座固定牢靠，无杂物、无倾斜；保温层及防腐层无脱落、无老化现象。检查储罐橇所有阀门及管路无渗漏，压力、温度、液位变送器完好。检查安全附件、测量仪表齐全并在检验有效期内，显示无异常，安全阀连接流程阀门处于开启状态，出液、回流及回气流程手动及电动阀门处于关闭状态。检查现场监视、监测仪器工作正常。检查控制柜及橇块内接地线符合《油（气）田容器、管道和装卸设施接地装置安全规范》（SY/T 5984—2020），连接无松动，接线牢固，无老化、无破损。检查供电系统电压应为（380±26.6）V，电磁加热器及其控制系统设置正常，自力式调压阀灵活好用。检查储罐橇液位、压力及温度在合理范围内，可达到启运条件。

（2）启运

佩戴绝缘手套，依次合上储罐橇动力电源和控制电源。若罐压过低，依次打开汽化器入口、出口阀门，对储罐橇进行升压，若罐压提升缓慢，打开电磁加热器进行加热，运行中控制储罐压力在合理范围，温度、液位正常。录取相关资料，填写巡检记录。收拾擦拭工具、用具，清理现场。

（3）运行中检查

① 巡检要求：进入可能产生二氧化碳泄漏场所时应至少2人同行，应配备便携式二氧化碳气体检测仪。设备运行过程中，现场巡护每班巡回检查不少于1次，远程控制巡护时间间隔不超过10min，并根据巡检结果和设计要求调整压力、温度等参数。生产异常时应加密检查，及时排除故障。

② 巡检内容：检查二氧化碳储罐橇的检验日期在有效期内，外观完好，无破损、无鼓包。检查橇座固定牢靠，无杂物、无倾斜，保温层及防腐层无脱落老化现象。检查二氧化碳储罐橇及控制柜接地良好、地线无松动。检查气相、液相、放空、出液、回气阀门及电动阀、法兰盘及接口仪表无渗漏，阀门开关灵活好用。各管线保温齐全，无腐蚀、渗漏。检查测量仪表及安全附件齐全，在检验有效期内，工作正常。检查

汽化器结霜情况，电磁加热器及控制系统正常，自力式调压阀灵活好用。检查二氧化碳储罐橇液位、压力、温度达到运行要求。

（4）停运

停泵后，关闭储罐橇出液阀，打开泵橇内进液阀，打开泵橇内放空阀，待液态二氧化碳放空完毕，打开泵回气阀，关闭储罐橇回气阀。（紧急情况下，按下"紧急停运"按钮或在自动模式下按停止按钮）；断开电磁加热器控制电源，关闭汽化器入口、出口阀门，打开汽化器放空阀门，进行放空。及时观察储罐橇剩余液位、压力、温度等参数，做好记录，并按要求上报。当储罐橇压力大于 2.2MPa 时，打开储罐橇放空阀进行放空。

（5）注意事项

操作人员必须穿戴好劳保用品，防止冻伤；放空操作时，所有操作人员应位于放空口上风位置；储罐橇中有液体时，应严格控制罐压在1.9MPa 以上，防止气蚀。设备停运时，应定期检查储罐橇压力，必要时开启放空手动阀进行泄压，确保罐压不超过 2.2MPa；开、关阀门时，侧位站立，应缓慢操作；开、关阀门时，应注意观察管线压力是否正常，避免造成憋压或管线堵塞。

（6）维护保养

储罐橇实行定人、定机管理，每台(套)设备应明确责任人；现场人员应熟悉储罐橇连接管道走向和管道工艺流程，掌握其配套设施的正确使用方法和与储罐橇的对应关系；每日检查储罐橇及连接管道的运行情况，发现问题及时处理；每日检查储罐橇的所有安全附件，如压力表的运行情况，观察压力表显示是否正常；每日检查阀门及连接法兰的密封性能，保证无泄漏，发现渗漏及时处理；每年对储罐橇的压力表及安全阀校验一次，保证其工作正常；每 3 年对储罐橇全面检验一次，保证运行正常；每年对储罐橇及流程进行防腐，保证漆面光滑；对储罐橇的连接管道、阀门、法兰、螺栓等进行防腐，保证管道表面漆无脱落、阀门无卡涩、法兰和螺栓无锈蚀。

（7）资料管理

按设备分类编号建立储罐橇设备技术档案，做到"一台一档"，档案内容涵盖设备主要技术参数、重要维修保养记录。设备的日常保养及维修记录应及时记录在技术档案中。发生更换、调拨、改造等情况时，设备台账应及时更新。设备迁移、调拨时，其档案随设备移交，并随设备终身保管。随机技术资料与设备档案包括：出厂合格证明书；安装、维护、操作说明书；相关零部件图册；设备部件明细表；随机配件、工具明细表。及时、整洁、齐全、准确地录取储罐橇运行记录数据及设备技术档案。

（8）HSE 要求

岗位操作人员应持证上岗，穿戴好劳动保护用品，严格执行《石油天然气开发注二氧化碳安全规范》（SY/T 6565—2018）；施工现场应设立明显警示标志，避免无关人员进入作业区；现场应配置正压式空气呼吸器、固定式二氧化碳报警器、便携式二氧化碳检测仪，自动报警系统完好有效；储罐橇新建、扩建和大修施工时，应进行 HSE 风险评估；按照 HSE 风险识别内容，熟悉操作过程中存在的风险，并制定风险管控措施；应定期对流程进行严密性检查，并对二氧化碳气体检测仪进行人工试验，确保灵敏可靠。

3. 储罐橇隐患排查及风险管控

（1）储罐橇隐患排查重点

检查各控制柜完好，联锁报警参数设计按照要求设置；储罐液相阀、气相阀、排空阀、汽化器密封无渗漏，阀门开关灵活好用；储罐安全阀、压力变送器、压力表、温度变送器、温度计、差压液位变送器、差压液位计、导压管无渗漏齐全完好、量程合适且在有效使用期限内。

（2）储罐橇主要风险及管控措施

针对储罐及流程上压力表短接、温包连接处腐蚀漏气带来的人身伤害风险，应定期检查与紧固，每 3 年更换压力表短接与温包；针对储罐橇罐体腐蚀及储罐与流程连接处腐蚀开焊带来的泄漏、窒息风险，应每 2 年打开保温层对罐与流程连接处进行检查与检测；针对安全阀下部阀门未常开带来的储罐超压风险，应定期检查阀门开度，并在阀门手轮设置铅封或悬挂"禁止关闭"标志牌；针对储罐橇进液、气相、出液、回气电动阀现场开度与远程控制不符带来的设备损坏风险，应与现场阀门开度进行对比；针对储罐出液阀门开错顺序带来的管线冻堵风险，应在启泵操作前确认出液阀门开启状态。

三、注入泵橇风险防控

1. 基本构成

注入泵橇（图3-7）包括注入泵、控制柜、流程、自动化仪表及安全附件等。液态二氧化碳注入泵采用柱塞泵，泵缸主要有泵体、柱塞和进出口两个单向阀。动力系统包括变速箱、曲柄连杆机构、十字头、轴承、轴瓦、皮带传动轴。通过传动端将电机旋转动能转换为中间连杆往复直线动能向外传出，再通过液力端柱塞往复直线运动转化为液体压力能，实现增压。

图 3-7　注入泵橇

由于二氧化碳相态不稳定，容易汽化，液态二氧化碳柱塞泵较普通注水泵增设了两种排气方式。一种是直接与大气相连，每隔一定时间排出汽化的二氧化碳；另一种是设有专门回气系统，通过小型气液分离装置，汽化的二氧化碳通过注入泵回气管路回到储罐中。回气管路要尽量缩短取直，并有一定平缓坡度，避免出现"气袋"导致无法回气。

注入泵房或注入压缩机房、操作间等存在二氧化碳泄漏风险的场所，应设二氧化碳浓度检测报警系统；二氧化碳浓度检测报警系统宜与排风系统联锁，浓度超限时宜停运注入和输送设备。二氧化碳增压设备出入口应设压力超限报警、停泵控制、温度监测装置。

2. 液相注入泵日常运行过程管理

（1）启运前检查

检查各法兰、螺栓、阀门、仪表接头无松动；检查储罐橇出口及泵橇、分配橇流程各阀门应处在关闭位置；检查注入泵与配套电动机地脚固定螺栓紧固、完好；检查现场监视、监测仪器及自动排风处于正常运行状态；检查皮带无老化、无破损，松紧度适中（用力平压皮带中心，下降高度为原高度的 10~15mm），手动盘泵 3~5 圈；检查曲轴箱观油孔，油位在视窗 1/2~2/3 处，油质呈清亮、无杂质；检查井口阀门应处于开启位置；检查现场监视、监测仪器完好；检查控制柜接地线连接无松动，无老化破损；佩戴绝缘手套依次合上动力电源和控制电源，供电系统电压应为（380±26.6）V。检查注入泵报警参数设置正确，确认流程畅通。

（2）启运

首次启运确定注入泵在手动模式下；依次打开储罐橇回气阀门及泵橇回气、出口阀门，对计量分配橇设备及流程进行充压（多井注入时，应提前对各注入井支路同步实施充压），查看压力变送器显示压力与罐压相同，稳压 5min 压力无明显变化，关闭注入泵出口阀门；依次打开注入泵进液阀、注入泵回流阀，待注入泵压力稳定后，打开储罐出液阀；将频率调整至 20Hz，启动注入泵，观察 3~5min，检查泵体、盘根及流程无渗漏，待注入泵泵头表面结霜后打开泵出口阀，关闭回流阀，缓慢增加变频器频率，使出口压力稳定至工作压力，将注入泵调至自动模式，并悬挂"运行"标识牌；根据需要开启泵出口电磁加热器，记录注入泵启运时间以及各项参数。

（3）运行中检查

① 巡检要求：设备运行过程中，现场每班巡回检查不少于 1 次，并根据巡检结果和设计要求调整压力、温度、转速等参数。现场满足远程巡检条件的，可采取视频巡检，巡检时间间隔不大于 30min。

② 巡检内容：检查泵橇操作间整洁无杂物，流程无渗漏、保温良好。检查泵橇操作间和控制柜接地良好、地线无松动。检查防护罩、安全阀、警示标识完好。检查注入泵润滑油压力。检查注入泵及电机各部螺栓紧固情况，声音平稳无异常。检查二氧化碳浓度报警仪，进行人工试验，确保灵敏可靠。检查注入泵进出口压力、流量和温度正常。泵出口压力不超过铭牌额定值，流量、电流、电压正常。检查注入泵运行时各部位温度。电机壳体温度不超过 85℃，温升不超过 40℃。检查注入泵皮带无跳动打滑现象。检查电源控制柜干净无杂物。检查注入泵盘根

无漏失，泵头应有结霜。检查流程上阀门无渗漏。检查出的问题做好记录。

（4）停运

① 手动停泵。将注入泵系统由自动模式切换到手动模式，按停止按钮停泵，关闭泵出口阀、储罐橇出液阀，同时打开泵橇内放空阀，待液态二氧化碳放完后（放空管出口由纯白色气体夹杂干冰转变为只有淡白色气体，持续1min无变化），关闭注入泵回气阀、储罐橇回气阀和泵橇内放空阀；打开泵橇外放空阀，对地面管线进行放空，放空完毕后关闭泵橇外放空阀；关闭注入井口总阀门，缓慢打开井口放空阀进行放空；依次断开控制柜中的控制电源和动力电源，悬挂"停运"标识牌，并做好记录。

② 自动停泵。按下自动停泵按钮，观察并确认各点阀门应在设定的开/关状态；打开泵橇外放空阀，对地面管线进行放空，放空完毕后关闭泵橇外放空阀；关闭注入井口生产阀，缓慢打开井口放空阀进行放空；依次断开控制柜中的控制电源和动力电源，悬挂"停运"标识牌，并做好记录。

（5）维护保养

① 首保。检查皮带松紧度及皮带轮的对中性（四点一线）。检查并清洗润滑油泵、观油孔。清洗曲轴出口通气口筛网。清洗曲轴箱、更换润滑油滤芯，更换润滑油。检查皮带，出现破损、裂纹、老化现象，更换皮带。填写维护保养记录。

② 定期保养。按照一保720h、二保2880h进行维护保养。紧固注入泵电机、法兰、地脚螺栓等各部位螺栓。检查或更换密封垫。检查接杆及接杆油封，必要时更换。检查接杆与十字头的连接无松动。检查皮带松紧度及皮带轮的对中性（四点一线）。检查并清洗机油润滑齿轮泵，清洗油标（观油孔）。清洗曲轴箱、更换润滑油滤芯，更换润滑油。

（6）资料管理

按设备分类编号建立注入泵橇设备技术档案，做到"一台一档"，档案内容涵盖设备技术参数、维修保养记录。当注入泵运行时长达到一保720h、二保2880h要求时，进行相对应的保养并记录在档案中，设备部件维修后在档案中记录其维修内容，发生更换、调拨、改造等情况时，设备台账应及时更新。迁移、调拨设备时，其档案随设备移交，并随设备终身保管。

随机技术资料与设备档案包括：出厂合格证明书，安装、维护、操作说明书，相关零部件图册，设备部件明细表，随机配件、工具明细表，泵橇图纸。

（7）HSE 要求

岗位操作人员应持证上岗，穿戴好劳动保护用品，严格执行《石油天然气开发注二氧化碳安全规范》(SY/T 6565—2018)；施工现场应设立明显警示标志，避免无关人员进入作业区；现场应配置正压式空气呼吸器、固定式二氧化碳报警器、便携式二氧化碳检测仪，自动报警系统完好有效；注入泵橇新建、扩建和大修施工时，应进行 HSE 风险评估；现场应配置 2 具干粉灭火器；按照 HSE 风险识别内容，熟悉操作过程中存在的风险，并制定风险管控措施；运行噪声应符合健康及环境指标要求；应定期对流程进行严密性检查，并对二氧化碳气体检测仪进行人工试验，确保其灵敏可靠。

3. 密相注入泵运行过程管理

（1）启运前检查

检查密相泵入口压力和温度在合理范围内，达到启泵条件；检查泵进出口各阀门、仪表接头无渗漏；按照流程箭头检查各阀门应处在关闭位置；计量分配橇内入口阀门、调压阀门、出口阀门及井口生产阀门和总阀门、测试阀门(安装有压力表)，应全部处在打开位置；检查密相泵与配套电动机地脚固定螺栓紧固、完好，设备平稳无振动无异常；检查皮带无老化、无破损，松紧度适中(用力平压皮带中心，下降高度为原高度的 10~15mm)，并手动盘车 3 圈以上；检查曲轴箱观油孔，油位在视窗 1/2~2/3 处，油质呈清亮无杂质；检查控制柜接地线连接无松动，接线牢固、无老化破损，供电系统电压在 380V(+7%、-5%)；检查密相泵报警参数设置正确，自动报警系统完好有效。

（2）启运

佩戴绝缘手套依次合上动力电源和控制电源；密相泵在手动模式下，按顺序依次开启密相泵进液阀、密相泵回流阀，待密相泵压力稳定后启泵；检查泵运转方向正确、润滑正常，冷泵 3~5min，待密相泵体结霜发白后，再次确认流程畅通，打开泵出口阀，根据泵出口压力表变化，缓慢关闭回流阀；缓慢增加变频器频率，待出口压力上升至工作压力的 1/2 时，稳定变频器频率，观察 3~5min，检查泵体、盘根及流程是否渗漏；缓慢调整变频器输出频率，使出口压力稳定至工作压力，将密相泵调至自动模式；及时、准确记录密相泵启运时间以及各项参数并上报。

（3）运行中检查

检查泵橇操作间整洁无杂物，流程保温良好无渗漏；检查防护罩、安全阀、警示标识等是否完好；检查泵橇及橇内各接地线连接良好，无松动；检查泵润滑油视窗液面应在 1/2~2/3 处，润滑油的油质清亮无变质，运行时润滑油压力处在规定范围内；检查密相泵及电机各部螺栓是否紧固，声音平稳无异常；检查密相泵运行时各部位温度是否正常；检查密相泵进液压力和温度在合理范围内，泵出口压力不超过铭牌额定值，流量、电流、电压正常；检查泵皮带无老化、无破损、无跳动打滑现象；检查泵盘根无漏失，泵头应有结霜；检查流程上手动阀门、电动阀门无渗漏；检查出的问题和隐患及时上报整改，做好记录。

（4）停运

① 手动停泵。将密相泵系统由自动模式切换到手动，按停止按钮停泵，关闭泵出口阀、泵进液阀，同时打开泵橇内放空阀直至液体放完；联系开发单位，关闭注入井口总阀门，缓慢打开井口放空阀进行放空；打开泵橇外放空阀，对地面管线进行放空，放空完毕后关闭橇外放空阀；断开控制柜中的控制开关；做好生产记录，并按要求上报。

② 自动停泵。按下自动停泵按钮，观察各点阀门做出相应准确动作；打开橇外放空阀，对地面管线进行放空，放空完毕后关闭橇外放空阀；关闭注入井口总阀门，缓慢打开井口放空阀进行放空；断开控制柜中的控制开关；做好生产记录，并按要求上报。

（5）维护保养

① 日常保养。完成每天设备巡检内容；密相泵橇操作间内通道清洁、无障碍物；停运时，对泵体卫生整体清洁；停运时，断开设备总电

源，清理自控柜内电器元件及开关灰尘；每周紧固、保养设备、闸门、法兰螺栓；每周紧固盘根压盖(漏液时，适当紧固直到不漏液为止)。

② 一级保养。每运行 720h 进行强制一级保养，以调整紧固为主；对盘根漏失的更换新盘根；接杆油封漏失的更换新油封；紧固密相泵电机、法兰、地脚螺栓等各部位螺栓；对曲轴出口润滑油抽样化验，若油质不合格应强制换油；检查进液阀座是否松动，阀瓣是否破裂磨损，阀瓣弹簧有无断裂，阀瓣固定钢条是否牢固，进出液阀座密封程度；检查或更换密封垫；清洗曲轴出口通气口筛网(干净、无污物)；检查接杆与十字头的连接，有无松动并拧紧；检查皮带松紧度及皮带轮的对中性(三点成一线)。

③ 二级保养。每运行 2880h 进行强制二级保养，以调整润滑为主；完成一保内容；清洗动力端曲轴箱、过滤器，更换润滑油；检查并清洗机油润滑齿轮泵，清洗油标(观油孔)；检查阀体与阀座密封面有无磨损、点蚀、刺伤等现象，发现进出液阀座损坏严重时，应及时更换；检查柱塞及接杆的磨损、腐蚀程度，根据实际情况确定是否更换；紧固泵出口流量稳流器连接处螺栓；检查皮带无破损、无裂纹、无老化现象，否则更换皮带。

④ 注意事项。新泵或大修后运行 2880h 的泵，必须停泵并按一保内容进行保养；长期或闲置设备按"闲置设备管理规定"进行维护保养；必须按照"十字作业法"要求(清洁、紧固、润滑、调整、防腐)，严格执行设备润滑"五定"原则(定点、定质、定时、定量和定人)；每次保养过后，及时按要求做好维护、保养记录。

4. 气水交替运行过程管理

(1) 注液态二氧化碳转注水操作

① 转注前准备。运维岗接到调度室计划注水指令后，核实计划转注水井号，检查该井对应气水交替阀组支路阀门状态，确认水路阀门关闭，水路压力表正常应显示为"0"，打开水路排空阀无水气排出再关闭，判断无内漏情况；检查确认注入站至井口二氧化碳注入流程、阀门无异常；检查电磁加热器、电磁加热线圈及保温齐全完好，无异响无破损无变色无异味，检查温度监测点仪表正常显示；检查确认二氧化碳注入泵运行正常，合上电磁加热器动力电源开关，现场将泵橇控制方式改

为就地，点击电磁加热启动按钮，无异常后转远程控制，同时通知监控岗远程密切监控；检查投运电磁加热后情况，查看电磁加热管段管温和出口介质温度显示变化情况，观察加热管段、电磁线、电磁加热器工作状态，如有冒烟、异响和超温等异常情况，应立即停运电磁加热器，现场排查处理故障；调节流量或电磁加热器工作参数设定确保计量分配橇入口介质温度维持在 5~10℃，根据注气站至井口注入流程长度确定加热时间（0~1000m 加热不低于 24h，1000m 以上加热不低于 48h），并汇报调度室；检查确认注水系统完好。

② 停注液态二氧化碳注入。联系开发单位，属地单位同意后，通知运维岗停注液态二氧化碳注入对应井；如该泵橇对应计量橇内支路都转注水，或其余支路处于停运状态，则按操作规程停运液态二氧化碳注入泵；如该泵橇对应计量调压橇单井支路转注水，其余支路继续注液态二氧化碳，根据注气井设计要求调整注入泵频率使流量符合注入要求；通知监控岗停运电磁加热器，或运维岗到现场转就地控制方式，点击电磁加热停止按钮，同时通知监控岗；运维岗缓慢关闭计量调压橇该井支路的入口手动阀，同时观察计量调压橇入口压力指示变化，避免超压，关闭气水交替阀组手动阀。

③ 启运注水。打开气水交替阀组水路压力表后端阀；合上配水间电源开关，检查进口压力、出口压力和流量计显示正常，打开配水间进口阀和出口阀，调整流量调节阀开度至最大；运维岗启运前检查无异常后，打开注水泵进口手动阀，协同监控岗远程（或现场就地模式）打开注水泵进口电动阀、出口电动阀、回水电动阀，依次启动润滑油泵、喂水泵、注水泵，注水泵频率调至最低，观察各机泵运行情况及流程管线无异常，各监测点压力、温度、流量无异常；首次启运应冲洗管线，打开气水交替阀组水路排空阀，观察至排水清澈后关闭；调节注水泵回水电动阀开度，升压接近该井注入压力值，打开气水交替阀组水路压力表前端阀，逐级调节注水泵回水电动阀开度至关闭，监视泵出口压力至稳定；根据配注要求调节注水速度，远程调节注水泵输出频率和配水间该井对应流量调节电动阀开度；运维岗协同监控岗巡检注入泵间、配水间、气水交替阀组、注入流程等无异常，协调开发单位管区巡检井口，稳定运行 1h 以上；缓慢打开计量分配橇该支路的放空阀，放空该支路管线内

的二氧化碳，观察管线内压力降为"0"；向调度室汇报，同时做好记录。

（2）注水转注液态二氧化碳操作

① 转注前准备。运维岗接到调度室计划转注指令后，核实计划转注井号，检查该井对应气水交替阀组支路阀门开关位置正常，液态二氧化碳支路阀门关闭，判断无内漏情况，打开气路排空阀无水气排出；检查确认注入流程正常，巡检注入站至井口流程阀门无异常；检查确认液态二氧化碳储罐、泵橇、计量调压橇等注入设备、流程无异常；检查确认供电正常，液态二氧化碳储罐液位符合要求。

② 转注液态二氧化碳注入。若液态二氧化碳注入设备处于停运状态，关闭计量调压橇该井支路放空阀，缓慢打开该井支路阀；按照《液态二氧化碳注入泵橇启停操作规程》检查、启运液态二氧化碳注入泵，保持泵在最低频率运行；同时投运泵橇电磁加热器。调节确保计量分配橇入口介质温度维持在 $5 \sim 10℃$。若液态二氧化碳注入设备处于运行状态，投运泵橇电磁加热器，调节确保计量分配橇入口介质温度维持在 $5 \sim 10℃$；关闭计量调压橇该井支路放空阀，缓慢打开该井支路阀。

③ 停注水。注水和注液态二氧化碳同注不少于 1h，观察并调节计量调压橇该井支路流量≥1.5t/h；配水间支路都停止注水，或其他支路处于停运状态，则按《柱塞式注水泵操作规程》停运注水泵；配水间转注井支路停止注水，其余支路继续注水，根据注水井设计要求，调整注水泵频率和支路流量调节阀开度符合注入要求；运维岗缓慢关闭配水间转注井支路的进口手动阀，同时观察其他支路进口压力指示，避免超压；关闭气水交替阀组该井水路压力表前端阀；根据配注要求调节注入流量，远程（或现场转就地）调节注入泵输出频率，调节计量调压橇该井对应调节阀开度；转注后巡检，运维岗协同监控岗巡检注入泵橇、计量调压橇、气水交替阀组、注入流程等无异常，协调开发单位管区巡检井口，稳定运行≥1h；打开气水交替阀组该支路的水路放空阀，放空该支路配水间和交替阀组管线内的存水，观察管线内压力降为"0"；放空结束后，关闭气水交替阀组水路压力表后端阀；注水泵长时间（1 个月以上）停运，应关闭注水泵进口手动阀，打开注水泵进口放空阀、出口放空阀，打开配水间进口放空阀、出口放空阀，放净管线内存水；冬季可投运水路电伴热带保温；向调度室汇报，同时做好记录。

5. 注入泵橇隐患排查及风险管控

（1）注入泵橇隐患排查重点

检查泵类护罩是否完好无破损，"旋转部位、禁止靠近""当心机械伤害"警示语是否齐全、润滑油液位是否正常，传动皮带是否正常；供电线路有无变色，焦煳味，供电电压是否正常（±7%之间），照明灯完好；控制柜接线端设置绝缘灭弧板，控制柜下铺设绝缘胶皮；机泵运行正常无异常声音，供液流程、注入流程及阀门、安全附件无跑、冒、滴、漏现象，无锈蚀现象，管线流程走向标识齐全清楚、准确，清洁卫生；电动阀标识齐全清楚、准确，不渗不漏；设备运行与控制柜触摸屏显示一致，符合当前运行状态，联锁报警参数设置按照要求设置并设置防更改密码；注入泵运行正常，泵头结霜正常，油位正常（1/2~2/3）、油质清亮，泵体温度正常，盘根压帽处无漏液；泵皮带无缺失、松紧合适，旋转部位警示标识完好、清晰；安全阀、压力变送器、压力表、温度变送器无渗漏齐全完好且在有效使用期限内；接地线固定牢固无松动现象，控制柜柜门与柜体连接线规范。

（2）注入泵橇主要风险及管控措施

针对注入泵房内未设二氧化碳浓度检测报警系统带来的人员窒息风险，应设置二氧化碳浓度检测报警系统，并定期进行检验；针对电接点压力表爆裂带来的物体打击风险，应定期检验维护、加强视频巡检；针对安全阀开启压力与运行压力不符带来的物体打击风险，应根据设备运行压力合理确定安全阀开启压力；针对注入泵侧压盖固定螺栓断裂或压盖弹出带来的物体打击风险，应严格按照注入泵操作规程进行操作，定期检查注入泵压力运行情况；针对机械运转部位防护装置和其他防护设施不齐全带来的物体打击风险，应按要求设置安全防护装置和设施；针对注入泵、润滑油泵电机外壳无接地带来的触电事故风险，应做好用电设备外壳接地；针对注入泵橇控制柜漏电存在的触电事故风险，应在操作控制柜前进行验电，并佩戴绝缘手套侧身操作控制开关；针对注入泵排放阀无法打开带来的气蚀风险，应定期进行检修，并配置手动排放管；针对注入泵盘根压盖漏气带来的泄漏、窒息风险，应定期检查压盖有无松动泄漏，柱塞有无划痕；针对注入泵皮带断裂带来的物体打击风险，应加强日常巡检，确保传动皮带无老化、无破损、无跳动打滑现象；针对注入泵出液阀未开启带来的管线憋压风险，应在启泵操作前确认出液阀处于开启状态。

四、计量分配橇风险防控

1. 基本构成

计量分配橇(图3-8)主要用于准确计量和分配单井注入量，组成部件主要是流量计、阀门、电动调节阀等。计量分配橇有2路、3路和6路计量控制三种规格，单座计量分配橇可与单座、两座注入泵橇进行连接，现场可根据注入井数组合配套。

图3-8　计量分配橇

由于二氧化碳物理性质比较特殊，目前没有通过实时计算液态和超临界二氧化碳密度得到流量的流量计，故采用富沃得V锥流量计配套罗斯蒙特多参数变送器表头，通过检测V锥体前后的压差，利用流量与压差的平方根成正比的特性，通过温压补偿计算得到流量。并将流量计算软件下装至3051S+流量变送器中，提高流量计的整体精度和稳定性。

2. 计量分配橇运行过程管理

（1）启运前检查

检查控制柜接地线连接无松动，接线牢固、无老化破损；检查供电系统电压应为(380±26.6)V；检查分配橇所有阀门灵活好用，橇内入口阀门、调压阀门、出口阀门及井口生产阀门和总阀门、测试阀门(安装有压力表)，应处在全部打开位置；检查管线流程固定牢靠，无杂物、无倾斜，保温层及防腐层无脱落、无老化现象；检查各计量仪表在检验期内、安装规范，控制截止阀处于开启状态；确认流量计的三阀组两侧的取压阀处于打开状态，平衡阀、排气阀处于关闭状态。严禁流量计正负压室单侧受压和超过设计压力工作，以免造成流量计损坏；检查现场监视、监测仪器及自动排风处于正常运行状态，确定井口注入阀门处于开启状态。

（2）启运

佩戴好绝缘手套，依次闭合分配橇控制柜内动力电源和控制电源，检查确认触摸屏、仪器仪表、电动调节阀显示正常；使用管钳打开分配橇进口阀、注入井支路入口阀，通过控制屏设置各支路电动调节阀为全开状态(开度预设为100%)，打开支路出口阀、注入流程各阀门；打开储罐橇回气阀门、注入泵回气及出液阀门，对分配橇设备及流程进行预冷，多井注入时，需提前对各注入井支路同步实施预冷，查看压力变送器显示压力与罐压相同，达到气相平衡，稳压5min以上为合格，若不合格，检查流程所有阀门及管路，压力、温度、液位变送器法兰盘连接处，确定漏点后泄压整改；分配橇首次启运时，注入井支路电动调节阀应通过控制系统调整至手动操作状态，后期启运可调至自动，观察对应支路流程压力稳定后，在控制系统中设定单支路瞬时流量，再切换到自动操作状态；当单井配注调整、支路停运等因素影响流量自动分配时，在控制系统中调节支路流量值，观察流量及压力达到要求，悬挂"启运"标识牌。

（3）支路投注

当对已经启运的分配橇中未投注的注入井支路进行投注时，必须按照注入泵启停操作规程进行停泵操作，关闭已投注支路入口阀门，打开泵橇后端放空阀进行放空；当泵橇至分配橇流程压力放净后，手动关闭橇外放空阀；打开待投注的支路入口阀门，按照上述启运流程进行单支路启运操作，待该支路压力稳定后缓慢打开关闭的支路入口阀门。

（4）运行中检查

穿戴好劳动防护用品、用具，佩带上岗证；运行过程中，现场巡护每班巡回检查不少于1次，远程控制巡护时间间隔不大于30min，并根据巡检结果和设计要求调整瞬时流量等参数；生产异常时应加密检查，及时排除故障；检查管线系统完好无泄漏；检查各电气设备，计量仪表外观完好，指示正确，反应灵敏，各自动控制调节系统正常；检查各辅助设备和温度正常，电流、电压指示值在正常范围内；场地照明良好，道路畅通，卫生清洁；录取相关资料，填写巡检记录；收拾擦拭工具、用具，清理施工现场。

（5）停运

停运后，打开分配橇各支路放空阀门，进行放空；如单支路停运，关闭单支路进口阀门，打开单支路放空阀门进行放空；依次断开控制柜内系统电源，切断总控制电源，并悬挂"停运"标识牌。

（6）注意事项

操作人员必须穿戴好劳保用品，防止冻伤；放空操作时，所有操作人员距放空口保持一定的安全距离；开、关阀门应侧位站立，缓慢操作；应注意观察管线压力是否正常，避免造成憋压或管线堵塞；严禁流量计正负压室单侧受压和超过设计压力工作，以免造成流量计损坏。

（7）维护保养

设备使用实行定人、定机管理，每台(套)设备应明确责任人。加强设备现场标准化管理，严格落实设备"十字作业法"中的清洁、紧固、润滑、调整、防腐方法。

清洁：对分配橇外观进行清洁。紧固：对分配橇各连接部位紧固。润滑：使分配橇各润滑部位的油质、油量满足要求，并进行必要的润滑。调整：对分配橇有关间隙、安全装置调整合理。防腐：对各结构件及机体清除掉腐蚀介质的侵蚀及锈迹。

（8）资料管理

按设备分类编号建立分配橇设备技术档案，做到"一台一档"，档案内容涵盖设备主要技术参数、重要维修保养记录。发生更换、调拨、改造等情况时，设备台账应及时更新。设备迁移、调拨时，其档案随设备移交，并随设备终身保管。

随机技术资料与设备档案包括：出厂合格证明书，安装、维护、操作说明书，相关零部件图册，设备部件明细表，随机配件、工具明细表。

（9）HSE 要求

岗位操作人员应持证上岗，穿戴好劳动保护用品，严格执行《石油天然气开发注二氧化碳安全规范》(SY/T 6565—2018)；施工现场应设立明显警示标志，避免无关人员进入作业区；现场应配置正压式空气呼吸器、固定式二氧化碳报警器、便携式二氧化碳检测仪，自动报警系统完好有效；计量分配橇新建、扩建和大修施工时，应进行 HSE 风险评估；现场应配置 2 具干粉灭火器；按照 HSE 风险识别内容，熟悉操作过程中存在的风险，并制定风险削减措施；应定期对流程进行严密性检查，并对二氧化碳气体检测仪进行人工试验，确保其灵敏可靠。

3. 计量分配橇隐患排查及风险管控

（1）计量分配橇隐患排查重点

检查流程及阀门无跑、冒、滴、漏现象，无锈蚀现象，管线流程走向标识齐全清楚、准确，清洁卫生；电动阀不渗漏，穿线孔洞已封堵；运行、停运、指示牌齐全，悬挂正确。

（2）计量分配橇主要风险及管控措施

针对分配橇仪器仪表未校验带来的设备超压风险，应指定专人管理，定期进行检验；针对分配橇阀门丝杠漏气带来的二氧化碳窒息风险，应严格执行分配橇操作规程，做好日常的巡检，发现异常及时进行整改；针对分配橇接地电阻值过高带来的触电风险，应定期对接地电阻进行检查，并做好记录。

五、其他风险及防控措施

1. 电气设备主要风险及管控措施

（1）针对变压器油位低造成变压器过热带来的火灾的风险，应保证变压器套管油位正常，套管外部无破损裂纹、无严重油污、无放电痕迹及其他异常现象，套管渗漏时，应及时处理，防止内部受潮损坏。

（2）针对变压器接线端电缆连接不牢固造成线路过热带来的电气火灾的风险，应在设备投运后使用热成像仪器进行温度检测。

（3）针对变压器接地不规范带来的人员触电风险，应在变压器投用前对其围栏、锁、警示标识、底座接地等进行检查。

（4）针对主电缆破损、防护不到位带来的人员触电风险，应使用铠装的电缆，在电缆过路处设置绝缘护管、踏步进行保护，设置警示标识。

（5）针对配电室电压异常带来的电气设备损坏风险，应定期进行巡检，并进行记录。

2. 自控与信息化

采用现场自动运行、操控中心值守、区域中心管控的架构，实现业务数据信息化协同联动（图3-9）。

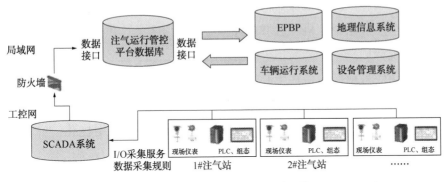

图3-9　自动控制与信息系统架构

（1）网络架构布局

工控系统对网络通信质量要求较高，而无线通信系统易受外界干扰不足，根据注入站地理分布特征，优化网络拓扑结构，采用无线组网方式，以区域指挥中心作为基站，各注入站作为通信终端，两者之间根据信号强度、周围建筑物遮挡情况，优选中继铁塔位置，通过各站通信杆、汇聚铁塔，保证信号高质量传输，实现控制、视频、数据信号互通。

（2）自动控制系统

自动控制系统作为远程操作交互主要接口，前端图元开发注重直观易懂需求，突出关键流程、阀门、旋钮，降低操作岗位应用难度。对于启动、停运、流量调控常规操作，按照标准操作规程，建立自动逻辑，形成一键顺控功能。

① 注入站控制。注入端现场控制依靠本地控制系统、站控系统实现运行。其中本地控制系统由前端仪表、执行器等组成，由控制柜PLC、触摸屏实现就地端操作。站控系统由站控主机、站控PLC、汇聚交换机、连接光缆，与控制柜PLC连接，通过站控主机工控系统发出指令，在站内区域实现遥控操作。

② 区域指挥中心控制。区域指挥中心作为控制集中控制端，以指挥大屏作为视频、操作展示端，各操作岗、安全监督岗、技术分析岗操作端为指令发送端，视频服务器、SCADA服务器作为指令收发中枢，

实现远端控制过程。

③ 视频监控控制。

视频监控系统是自动控制重要组成部分，实现自动控制的指令执行的直观展示，以现场摄像头作为图像和声音的采集端，将视频、声音分别推送至注入站录像机、区域指挥中心视频服务器，供工控系统、视频监控系统调用。

视频信号由区域指挥中心视频服务器统一管理，采取视频服务器调取、本地录像机存储模式进行存储优化。视频服务器安装视频管理终端，通过无线方式，实时访问站内视频信号，实现应用优化。针对卸液、巡检、启停视频频繁交叉调用需求，根据操作岗、安全监督、技术分析岗，通过用户角色分别设置摄像头访问范围、操作权限级别，避免误操作。

（3）参数与状态监控

对关键运行参数设置阈值，运行参数超阈值或状态异常变化，触发预警判断机制，运行监控岗及时向数据分析与技术支持岗反馈，科学研判后，给出参数调整意见，为避免误操作，调整参数时进行弹窗提醒、指令确认过程，实现安全防控机制。

六、二氧化碳驱油注入站应急处置

在二氧化碳驱油注入站应急响应与处置过程中，依据现场设备或其附属设备属性，可能发生的突发事件主要有储罐泄漏、二氧化碳流程刺漏、二氧化碳注入管线泄漏、二氧化碳卸液软管断开等。

1. 二氧化碳储罐泄漏应急处置

（1）发现确认：生产监控岗通过 SCADA 系统发现异常，通过现场视频监控系统发现储罐大量泄漏二氧化碳，通知相关业务人员进行分析研判和现场核实；班站员工根据上级指令进行异常巡检，确认现场泄漏情况；生产监控岗根据技术人员分析研判结果以及班站现场核实情况，确认现场事故情况，并向值班领导汇报。

（2）报警报告：生产监控岗根据值班领导指令，立即通知抢险人员，并向上级单位汇报事发时间、事故地点、设备设施名称、涉及的危险物质、周边环境、事件初期处置情况、联系人及电话等。

（3）岗位处置：生产监控岗立即远程紧急停注；巡检人员做好现场警戒，防止无关人员入内；班站值班干部根据现场情况，及时向上级汇报并请求增援。

（4）应急响应：基层单位领导通知抢险人员携带防寒服、正压式空气呼吸器、便携式二氧化碳检测仪等应急物资及装备赶赴现场。

（5）工艺调整：巡检人员按应急指令关闭注入井口生产阀门并打开注入井口放空阀对注入管线进行泄压。

（6）条件确认：气体检测组佩戴正压式空气呼吸器，使用便携式二氧化碳检测仪在事故或灾害现场下风口进行二氧化碳浓度检测，研判应急处置条件，确定安全范围，并进行持续监测；现场警戒组根据确定的安全范围，使用警戒带对抢险现场进行封闭，并做好现场警戒，防止无关人员进入。

（7）现场处置：技术控制组对罐体进行检查，分析判断储罐泄漏原因，制定方案；根据方案，组织施工队伍对罐体进行检修或更换；对储罐安全阀、仪器仪表进行送校或更换。

（8）扩大应急：当泄漏失控，现场指挥向上级单位汇报，请求启动上一级应急预案。

（9）后期处置：储罐检修或更换后，须由检测机构对储罐进行检测；协调二氧化碳罐车对储罐及其流程进行补压，吹扫焊渣并装液；巡检人员关闭注入井口放空阀，打开生产阀门；现场确认达到启运条件后上报；生产监控岗接上级指令，远程启运设备。

（10）应急终止：现场指挥确认受伤人员得到专业救护，环境检测合格，生产恢复正常后，宣布应急终止。

2. 二氧化碳流程刺漏应急处置

（1）发现确认：生产监控岗通过 SCADA 系统发现异常，通知相关业务人员进行分析研判和现场核实；班站员工根据上级指令进行异常巡检，确认现场泄漏情况；生产监控岗根据技术人员分析研判结果以及班站现场核实情况，确认现场事故情况，并向值班领导汇报。

（2）报警报告：生产监控岗根据值班领导指令，立即通知抢险人员，并向上级单位汇报事发时间、事故地点、设备设施名称、涉及的危险物质、周边环境、事件初期处置情况、联系人及电话等。

（3）岗位处置：生产监控岗接上级指令后立即远程紧急停注；巡检人员做好现场警戒，防止无关人员入内；班站值班干部根据现场情况，及时向上级汇报并请求增援。

（4）应急响应：基层单位领导通知抢险人员携带防寒服、正压式空气呼吸器、便携式二氧化碳检测仪等应急物资及装备赶赴现场。

（5）工艺调整：巡检人员按应急指令切断泄漏点上下游阀门并对泄漏流程进行泄压。

（6）条件确认：气体检测组使用便携式二氧化碳检测仪在事故现场进行二氧化碳浓度检测，研判应急处置条件，确定安全范围，并进行持续监测；现场警戒组根据确定的安全范围，使用警戒带对抢险现场进行封闭，并做好现场警戒，防止无关人员进入。

（7）现场处置：技术控制组进行泄漏点检查，分析判断流程刺漏原因，制定方案；根据方案，组织相关人员对相应流程进行检修或更换。

（8）扩大应急：当泄漏失控，现场指挥向上级单位汇报，请求启动上一级应急预案。

（9）后期处置：流程检修或更换后，由抢险人员打开检修点上下游阀门，使用二氧化碳气体进行流程试压，试压合格后，现场确认达到启运条件后上报；生产监控岗接上级指令，远程启运设备。

（10）应急终止：现场指挥确认生产恢复正常后，宣布应急终止。

3. 二氧化碳注入管线泄漏应急处置

（1）发现确认：生产监控岗通过 SCADA 系统发现异常，通知相关业务人员进行分析研判和现场核实；班站员工根据上级指令进行异常巡检，确认现场泄漏情况；生产监控岗根据技术人员分析研判结果以及班站现场核实情况，确认现场事故情况，并向值班领导汇报。

（2）报警报告：生产监控岗根据值班领导指令，立即通知抢险人员，并向上级单位汇报事发时间、事故地点、设备设施名称、涉及的危险物质、周边环境、事件初期处置情况、联系人及电话等。

（3）岗位处置：生产监控岗接上级指令后立即对该井进行远程紧急停注；巡检人员关闭该井生产阀门，打开放空阀门注入管线进行泄压；另一名巡检人员做好现场泄漏点周围警戒，防止无关人员入内；班站值班干部根据现场情况，及时向上级汇报并请求增援。

（4）应急响应：基层单位领导通知抢险人员携带防寒服、正压式空气呼吸器、便携式二氧化碳四合一气体检测仪（含硫化氢）等应急物资及装备赶赴现场。

（5）工艺调整：生产监控岗根据施工设计及时调整生产运行参数。

（6）条件确认：气体检测组使用便携式二氧化碳四合一气体检测仪（含硫化氢）在事故或灾害现场下风口进行二氧化碳浓度及有毒有害气体检测，研判应急处置条件，确定安全范围，并进行持续监测；现场警戒组根据确定的安全范围，使用警戒带对抢险现场进行封闭，并做好现场警戒，防止无关人员进入。

（7）现场处置：技术控制组进行查找确认泄漏点，分析判断注入管线泄漏原因，制定检修方案，确定施工界面；组织挖掘机1台，现场处置组现场指挥，对泄漏点进行挖掘；技术控制组组织电焊机对泄漏管线进行焊接或更换；技术控制组组织有资质队伍对注入管线进行探伤。

（8）扩大应急：当泄漏失控，现场指挥向上级单位汇报，请求启动上一级应急预案。

（9）后期处置：管线检修或更换后，进行管线试压，试压合格后，现场确认达到启运条件后上报；生产监控岗接上级指令，远程控制对该井注气。

（10）应急终止：现场指挥确认环境检测合格，生产恢复正常后，宣布应急终止。

4. 二氧化碳卸液软管断开应急处置

（1）发现确认：生产监控岗通过现场视频监控系统发现卸液软管断开，通知相关业务人员进行分析研判和现场核实；班站员工根据上级指令进行异常巡检，确认现场泄漏情况及人员状况；生产监控岗根据班站现场核实情况分析研判结果，确认现场事故情况，并向值班领导汇报。

（2）报警报告：生产监控岗根据值班领导指令，立即通知抢险人员，并向上级单位汇报事发时间、事故地点、设备设施名称、涉及的危险物质、周边环境、事件初期处置情况、联系人及电话等。

（3）岗位处置：生产监控岗立即对储罐卸液电动阀门进行远程紧急切断，并通过远程喊话，对卸液操作人员下达关闭罐车紧急切断阀的命令；卸液操作人员迅速关闭罐车紧急切断阀；如有人员受伤，现场人员在确保自身安全前提下，迅速将受伤人员转移至安全区域，进行现场急救，并拨打"120"请求救护；巡检人员做好现场泄漏点周围警戒，防止无关人员入内，防止人员受伤；班站值班干部根据现场情况，及时向上级汇报并请求增援。

（4）应急响应：基层单位领导通知抢险人员携带防寒服、正压式空气呼吸器、便携式二氧化碳四合一气体检测仪（含硫化氢）、应急急救箱等应急物资及装备赶赴现场。

（5）工艺调整：生产监控岗根据储罐液位及时调整生产运行参数。

（6）条件确认：气体检测组佩戴正压式空气呼吸器，使用便携式二氧化碳四合一气体检测仪（含硫化氢）在事故或灾害现场下风口进行二氧化碳浓度及有毒有害气体检测，研判应急处置条件，确定安全范围，并进行持续监测；现场警戒组根据确定的安全范围，使用警戒带对抢险现场进行封闭，并做好现场警戒，防止无关人员进入。

（7）现场处置：医疗救护组负责转移伤员，进行现场急救和专业救护；现场处置组根据现场具体情况，更换损坏金属软管。

（8）扩大应急：当无法关闭阀门，泄漏失控，现场指挥向上级单位汇报，请求启动上一级应急预案。

（9）后期处置：管线更换后，现场确认防脱措施到位后，卸车区域做好警戒，打开罐车气相阀门，进行管线试压，试压合格后，达到罐车安全卸液条件后上报；生产监控岗接上级指令，远程打开储罐卸液阀门，卸液人员打开罐车卸液阀门。

（10）应急终止：现场指挥确认环境检测合格，生产恢复正常后，宣布应急终止。

第二节　二氧化碳吞吐注入现场风险防控

二氧化碳吞吐工艺是二氧化碳驱油的一类，主要指将液态二氧化碳以正注或反注的方式通过二氧化碳注入泵注入油层，其过程可分为注入阶段、关井浸泡阶段和吞吐生产阶段，可有效降低原油黏度，使原油渗流速度以及采收率得到显著提升的技术。在二氧化碳溶于水后，会表现出酸性，在其与地层基质发生反应以后，会使部分杂质被酸解，提升原油流动空间，增加原油产量。

一、二氧化碳吞吐工艺流程与技术

二氧化碳吞吐是将二氧化碳注入泵进口与二氧化碳槽车屏蔽泵的出口连接形成供液管路，利用高压管汇将泵的高压端出口和井口采油树连接，对高压管汇按设计要求试压，试压合格。供液系统开启气相阀门对连接管路充压至气相压力平衡，观察管路有无刺漏现象。正常后接通液相管路，开启注入泵后放空阀，启动注入泵低速运转，对注入泵系统进行预冷。预冷合格后，开启井口阀门，再开启泵出口阀门。关闭放空阀，启动罐车屏蔽泵对注入泵强制供液，再通过柱塞泵增压挤液，向地层注入二氧化碳。在注入过程中根据施工设计控制压力和排量，整个系统安装有安全阀进行超压保护（图3-10）。

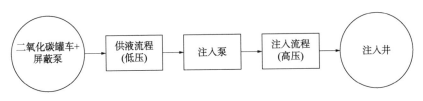

二氧化碳罐车+屏蔽泵 → 供液流程（低压） → 注入泵 → 注入流程（高压） → 注入井

图3-10 单井吞吐工艺流程图

二、二氧化碳吞吐主要设备设施

二氧化碳吞吐的主要设备设施包括车载式注入泵、高压管汇等。

1. 车载式注入泵

二氧化碳车载式注入泵（图3-11）是根据油田三次采油中，二氧化碳吞吐工艺的特殊要求研制设计的卧式往复式柱塞泵，能满足注液态二氧化碳的要求。注入泵由动力端、液力端、传动部分以及电气部分组成，整套泵固定安装在移动车辆上。泵头端装有安全溢流阀、进出口压力缓冲器，具有结构紧凑、体积小、质量小、操作维修方便、运转平稳可靠、效率高等优点。

2. 高压管汇

高压管汇（图3-12）是二氧化碳注气泵和井口之间的连接管件，包括直管、接头、三通、旋塞阀、弯头等管件。

图 3-11　车载式注入泵

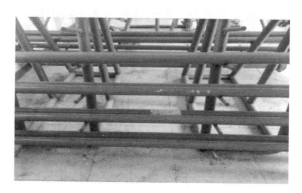

图 3-12　高压管汇

三、二氧化碳吞吐运行过程管理

1. 人员资质要求

施工人员应持有井控证、硫化氢、HSE 证件，证件应在有效期内，现场带班人员应持有相应的安全管理资格证。二氧化碳罐车押运员应持有危险化学品押运证、移动式压力容器操作资格的特种设备作业人员证。

2. 施工现场标准化要求

施工现场应设置两处风向标(一高一低)，风向标应设置在现场都能观察到的位置，方便现场施工人员观察风向，现场应设置警戒线和紧急集合点，以该井高压管汇的长度为半径的圆周区域设置高压警戒区域。根据井场条件划定高低压警戒区域，设置警示标识(高压区应设置：高压危险、禁止入内、防止冻伤、当心中毒窒息、禁止跨越；高压注入泵区域应设置：禁止乱动阀门、当心泄漏、噪声有害、必须戴护耳器、当心机械伤人；施工现场入口处应设置：禁止非工作人员入内、必须穿戴防护用品、当心超压、当心低温、当心泄漏、当心爆炸、噪声有害)。

车辆应有锚固措施,停在井场的上风侧或侧风方向,不能停在低洼地带,车辆及注入设备不能正对注入井口阀门丝杠。井场车辆、注入设备间距应能保证作业人员正常操作、检查和通行,要留有安全通道。注入设备的安全阀、压力表、流量计等安全附件应齐全完好,且处于有效检验周期内。

施工现场应配有便携式二氧化碳检测仪 2 台,多通道气体检测仪(二氧化碳、硫化氢、氧气、甲烷)1 台,并按照要求定期校验。

3. 管汇连接要求

(1)供液端管汇连接

高压软管的材质应耐低温、耐腐蚀。压力等级应符合现场的实际要求,每半年进行一次耐压试验(水压),试验压力为其公称压力的 1.5 倍;接头丝扣应平滑完好并与高压管线匹配;整根管线应使用安全绳进行缠绕,每隔 1m 进行打结,两头应在距连接处 1m 位置打双锁紧结并锁紧,两端固定点必须牢固可靠,应选择承受拉力为 49kN 以上的安全绳;管汇上应设置排空管线,排空管口高度应距地面 2m 以上;注二氧化碳施工现场,井口至注入泵距离应大于 5m、小于 20m。

(2)高压管汇连接

高压注入管道的压力等级应选择大于该井的设计注入压力,并在有效检验周期内;高压注入管道地上铺设时,应使弯头连接落地并锚定;高压注入管道在使用前必须按照设计压力进行试压,试压合格后才能使用;整根管线应使用安全绳进行缠绕,管件连接处两端进行打结,两头应打双锁紧结,两端固定点必须牢固可靠,应选择承受拉力为 98kN 以上的安全绳。高压注入管道上的各种阀门开关灵活好用。

4. 单井吞吐施工要求

(1)施工前的准备

① 施工负责人应提前掌握井场现场情况及注井的施工设计;施工技术人员及时与井场技术负责人员进行技术交底,了解井下注气管柱结构、封隔器坐封位置、套管技术状况、注气最高限压等技术数据。同时说明施工时的注意事项及相关技术要求、安全注意事项及可能出现的紧

急情况和处置办法等。

② 施工人员到达现场后应于劳保防护用品穿戴齐全后上岗，严格按现场标准化要求及井场安全管理规定进行施工准备。现场施工负责人应提前掌握井场现场情况及注入井的施工设计组织施工操作人员开班前会，交代施工中的风险和相应的防范措施。

③ 施工现场的布置：注入设备应按照要求进行摆放，摆放时应注意井场上的井架、绷绳、电线的位置。

④ 管汇连接：按照要求正确连接高压、低压管汇，紧好丝扣，保证不刺不漏，保险绳正确连接，固定牢靠。

⑤ 电路连接：首先将各用电设备的控制柜和主控制柜进行正确连接，使用的电缆绝缘层应无破损、无接头。其次将主电柜的进线电缆连接到现场电源上，对漏电开关进行短路试验，确认漏电开关可靠、有效，各电气设备应正确安装接地装置。

⑥ 设备设施的检查：检查注入泵的机油面是否合适，注入泵柱塞盘根是否磨损，如有磨损应在施工前进行更换，调整盘根螺母压盘至合适。

⑦ 检查现场警示标识、风向标、警戒区域的设置是否正确，应急物资是否齐全，视频监控设备是否运行正常，调试对讲机音量、频率确保通信畅通。

（2）施工中

① 待押运员、泵工、井口操作人员到位后，现场指挥员下达注气命令。罐车押运员打开气相、液相阀门，并注意观察管线及接头的密封情况。

② 泵工检查柱塞盘根的密封情况，发现刺漏及时调整盘根压帽。泵工观察调整排气阀的排气量及出液情况，确认每个排气阀出液。泵工可通过泵体进液放空阀，匀速将液态二氧化碳引入泵体，将泵头充分冷却，以泵头结霜为准。井口控制人员打开井口采油树控制阀和主阀门，泵工启动发动机。

③ 押运员启动屏蔽泵，注意观察屏蔽泵转向和屏蔽泵压力。泵工密切注意注气压力变化，及时调整泵压，严格按甲方要求，限制最高泵压。

④ 井口控制人员、泵工密切注意观察高压管汇、井口采油树、套管短节、接箍及法兰盘的密封情况。任何岗位人员发现刺漏等异常情况，泵工应立即停泵处置；处理完毕后，再继续注气施工。

⑤ 罐车押运员、泵工、井口控制人员在注气施工中，应时刻注意观察注气流程的压力变化和密封情况，严禁施工人员擅离岗位。

⑥ 押运员随时观察罐车储罐压力和泵压，当二者相等时(回液阀处于关闭状态)可确认为注气完毕。注气完毕押运员首先切断屏蔽泵电源，再关闭液相、气相阀门，同时通知泵工。

（3）施工结束

① 操作人员发现注气完毕后，及时通知押运员切断屏蔽泵电源，关闭罐车气相、液相阀门，并及时停止注气泵运转，待井口操作人员关闭井口主阀门后，打开泵体泄压阀将泵内余压释放。

② 现场操作人员切断现场电源，拆除电缆接线、高压管汇。

③ 押运员在确认泵车切断电源后，拆除电缆线，在确认充车管线内无压力后，必须先拆除管线，再解除安全绳。

④ 注气完毕后，泵车及罐车操作人员，认真清点工具、管汇，确保无遗漏，并做到工完料净，严格按现场标准化要求操作。

⑤ 各车辆按照现场指挥人员指挥顺序离场。

四、二氧化碳吞吐主要风险及管控措施

1. 二氧化碳吞吐主要风险

（1）物体打击

二氧化碳吞吐注入现场施工中，系统内压力突然变化的部位会产生干冰(如放压旋塞阀、泵车液相管线里)，严重时会堵塞管线。如果在干冰未完全汽化时拆卸管线，管线内的固态或液态二氧化碳因受热汽化，体积急速膨胀导致管线内部压力急速上涨，将堵塞的干冰从管线出口高速喷出，高压管汇接头意外脱落，在压力的作用下形成摆动带来物体打击风险。

（2）触电风险

在注气施工过程中由于人员操作不当，线路或设备设施的老化，带来的人员触电风险。

（3）车辆伤害

施工车辆在井场摆放过程中由于人员操作不当，带来车辆伤害风险。

2. 二氧化碳吞吐风险管控措施

（1）物体打击风险管控措施

高压、低压管线使用保险绳和地锚固定，安装安全阀和压力表，井口用绷绳固定，现场安装视频监控设备将现场情况传至控制室，减少人员在危险区暴露的时间。

高压管汇和金属软管要定期检验和检查。管线在没有完全拆卸完毕前，不准拆卸安全绳。在进行设备操作时，所有人员应全部撤离到警戒线以外区域。

（2）冻伤风险管控措施

操作时应正确佩戴劳动防护用品，减少皮肤外露；现场配备应急救援物资如冻伤膏等药品，操作人员能够熟练掌握冻伤急救常识；利用视频监控设备进行危险区域的巡检来代替人工巡检，降低人员受伤的概率。

（3）中毒窒息风险管控措施

操作人员巡检和操作时，佩带便携式二氧化碳检测仪，及时对作业环境中二氧化碳浓度进行检测；现场配备正压式空气呼吸器2台和便携式氧气呼吸器等急救物资；加强员工对中毒窒息的急救知识的学习，提高自救互救能力。

（4）触电风险管控措施

所有用电设备、线路应正确安装漏电保护器、接地线，接地极应符合相关要求，接地电阻应不大于4Ω；漏电保护器应按规定进行定期检查，确保漏电保护功能良好；应按照规定对电气线路和设备的绝缘性能进行检查，杜绝出现绝缘破损、超负荷运行等现象；操作电气设备时应使用合格的绝缘器具，并侧身操作；应加强员工的安全用电常识和触电急救知识的培训，提高应急处置能力。

（5）车辆伤害管控措施

施工现场应有专人对施工现场的车辆进行统一管理，所有车辆应按照指令顺序进入施工现场和停放；车辆在倒车前应仔细观察车辆周围情况，确认周边环境安全，倒车时应有专人指挥，车辆就位后应安装轮胎掩木，严禁未经批准私自移动车辆。

五、二氧化碳吞吐应急处置

二氧化碳吞吐注入现场应急响应与处置过程中，依据现场情况，针对高压管汇泄漏应急处置。现场人员第一时间发现异常，立即停泵，切断相关流程闸门，进行泄压，同时报告现场带班班站长。带班班站长根据现场情况，在保证自身安全的前提下，用便携式气体检测仪对事故点周边进行有毒有害气体检测，并依据检测结果，确定安全区域，对泄漏点进行应急处置。

第三节 二氧化碳前置压裂注入现场风险防控

近年来，二氧化碳前置压裂注入在我国胜利、长庆、吉林、延长等油气田相继应用，取得了良好的压裂效果。其作用主要有增加地层能量、提高返排能力、复杂造缝、缩短排液周期等。

一、二氧化碳前置压裂工艺流程与技术

二氧化碳前置压裂注入是指二氧化碳段塞压裂返前置注入，就是在加砂压裂前，向地层注入二氧化碳，增加压裂液的返排能力，达到快速排液之目的。二氧化碳的存在有利于聚合物在地层条件下降解，减少聚合物残渣数量，有利于提高裂缝的导流能力。

二氧化碳前置压裂注入工艺流程（图3-13）为：将若干二氧化碳储液罐利用低压流程管汇实现并联，并与增压系统吸入口相连，液态二氧化碳通过增压系统增压到达二氧化碳注入泵车，再通过高压管汇和井口装置连通，从而注入井内。将仪表车与上述各车辆控制单元连通，在整个注入施工中监控施工的状态和各项数据的采集，保证施工顺利进行。

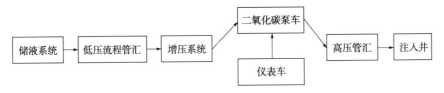

图3-13 二氧化碳前置压裂注入工艺流程图

二、二氧化碳前置压裂主要设备设施

前置压裂工艺系统的设备主要有压裂泵车、二氧化碳增压泵车、高压管汇等。

1. 压裂泵车

压裂泵车（图3-14）是一种车载高压柱塞泵的特种移动设备。柱塞泵由一台安装在车上的发动机通过液力机械传动箱驱动，液力机械传动箱的换挡控制，可在远离压裂泵车的遥控台或仪器车上进行，操作安全可靠，自动化程度高。该设备装有自动超压保护装置和机械式超压保护安全阀，进行压裂施工作业时，操作人员在遥控台面板上设定最高安全施工压力，主要用于油气田深井、中深井、浅井的各种压裂作业。该设备能进行单机和联机作业。

图3-14　压裂泵车

2. 二氧化碳增压泵车

二氧化碳增压泵车（图3-15），即二氧化碳供液增压装置，目的是将二氧化碳储液系统送出的低压液态二氧化碳转化为具有一定供液压力的液态二氧化碳，以供给二氧化碳泵车有较稳定性上液，完成二氧化碳的泵注施工。

IC-311型泵车设备是设计用于井上作业的车载式、大功率设备。设备装在卡车底盘上，该装置包括以下系统和元件：柴油机驱动的液压动力系统；泵送单元；气液分离器；吸入、排出和管汇；集中操作控制室。该设备适合恶劣的油田环境使用，能在-40~50℃环境温度范围长期工作。

图 3-15　二氧化碳增压泵车

3. 高压管汇

高压管汇指高压注气泵和井口之间的连接管件，包括尺寸为 2in 或 3in 额定工作压力为 105MPa 的直管、单向阀、法兰盘、三通、旋塞阀、弯头等管件。

三、二氧化碳前置压裂运行过程管理

1. 施工队伍及人员资质要求

施工队伍资质要求：施工队伍必须取得中石化石油工程队伍酸化压裂资质证书。

施工人员资质要求：施工人员应持有井控证、硫化氢作业证、HSE 证件，证件应在有效期内，现场带班人员应持有相应的安全管理资格证。

2. 施工井场及井口标准化要求

施工井场、道路、桥涵应满足施工要求，井场场地应推平压实。压裂井口装置应符合施工设计要求，井口装置的额定压力应大于施工设计的最高压力。在井场条件许可的情况下，施工车辆与井口距离大于 10m，仪表车距井口 20m 以上，仪表车门口不应对井口方向，辅助车辆、设备和监测仪器距高压区大于 20m，距井口大于 50m。车辆应停放在井口上风方向或侧风方向，并留有安全和应急疏散通道，压裂施工车辆停放区域应无易燃物。

3. 施工作业人员要求

施工前应召开安全和技术交底会，制定单井应急处置方案，应明确现场指挥人员，统一指挥、协调施工。所有操作人员身体素质要符合职业健康的要求，应每年进行职业健康查体，杜绝有职业禁忌证(噪声)。

劳保防护用品应穿戴齐全。在含有或可能含有有毒有害气体井施工时，应配备合格的个人防护用具和相应气体检测仪器。

4. 管汇连接要求

（1）高压管线连接

① 井口到泵车高压管线依次安装连接放压三通、压力传感器三通、高压单流阀、冷却管线循环三通（可根据实际情况调整位置）、连接泵车高压三通或四通。所有高压管线连接部位采取安全绳等防脱保险措施。

② 放压三通使用 3in 管线变 2in 出口 T 形三通，高压三通前后连接主压管线，放压出口需叠层连接 2 个 2in 高压旋塞阀。

③ 安装压力传感器三通使用 3in 管线变 2in 出口 T 形三通，作压力传感器使用。

④ 主压管线需安装高压单流阀，以防开启井口后井内压力倒流。

⑤ 冷却循环管线三通需使用 3in、T 形三通，三通前后连接在主压管线上，三通上方需水平放置地面连接耐用可靠的 3in 高压旋塞阀（为保险起见可连续连接 2 个高压旋塞阀），旋塞阀出口接高压扣变低压扣变换头作连接循环低压管线使用。

⑥ 连接泵车可使用高压三通或四通，连接四通前后接主压管线，四通两侧接高压弯头连接泵车。

（2）低压管线连接

① 二氧化碳低压管线全部使用专用管线，一根 4in 管线按最大排量 $1m^3/min$ 计算，需耐压 5MPa。泵注二氧化碳排量较大所需储罐较多可将所有储罐连接至低压流程后再连接到二氧化碳增压泵吸入口，排量较小所需储罐较少也可直接连接至增压泵吸入口。所有二氧化碳低压管线连接部位采取安全绳等防脱保险措施。

② 冷却循环所需低压管线从高压循环三通旋塞阀处连接至二氧化碳增压泵吸入口。

5. 运行过程要求

（1）泵车冷却

① 二氧化碳增压泵最高设置安全限压 3MPa，一般设置为 2.5MPa，确认冷却循环管线高压旋塞阀处于开启状态。

② 确认正确连接增压泵车和二氧化碳罐气相管线、液相管线以及压裂泵车上液口与增压泵车出液口连接。检查线路闸门、排气阀、循环阀都处于关闭状态,然后再开启增压泵气相连接管线闸门。

③ 冷却开始先开启所有储罐气相出口阀门进行充压,充压至二氧化碳增压泵和所有高低压管线与储罐内压力平衡,可根据管线内气体压缩声音及压力表判断压力平衡,检查所有连接部位密封性无问题后进行下步操作。

④ 逐段打开排气阀排出空气及杂质,全部为液态二氧化碳后(蓝色气柱)关闭所有排气阀门。

⑤ 打开增压泵的气液联通阀。打开增压泵与泵车液相上液管线的闸门,检查是否有泄漏。回路压力不再变化时关闭气液联通阀,通知施工指挥。

⑥ 通知(施工指挥、现场负责人)准备开启液相阀门。

⑦ 无论气相还是液相存在泄漏,必须先关管线两头闸门,放掉管线内部压力后才可以进行整改操作,再次确认二氧化碳罐至增压泵的气液联通阀关闭。打开罐车至增压泵车液相阀门。

⑧ 开启全部储罐液相阀门,开启增压泵分离罐排空阀门,待二氧化碳增压泵分离罐液面达到适当位置(分离罐中位排空阀门有液体喷出)后,启动增压泵缓慢运转(最低转速运行),持续观察增压泵吸入口压力(即分离罐压力)与排出压力,压力高(吸入口压力最高不能超过 2.2MPa)则使用排空阀门控制压力和液面(整个冷却过程中分离罐液位保持在中位左右,保持分离罐有部分气相空间)。

⑨ 通知泵工打开上液管线闸门、打开压裂泵车泵头侧面旋塞阀(开度 1/4~1/2)排气。打开高压管线上的旋塞阀(开度 1/4~1/2)排气,至排出口喷出液体二氧化碳为止,关闭旋塞阀(如使用循环冷却,排出气体后需关闭旋塞阀)。

⑩ 二氧化碳增压泵运转平稳后,逐台启动泵车(启动泵车前可逐台泵车先在液力端后端的放喷管线放一下二氧化碳,使气态二氧化碳全部排出,至放喷出口喷出液态二氧化碳即可关闭),启动泵车时密切观察增压泵吸入口压力,待压力平稳后再启动下台泵车,压力高(吸入口压力最高不能超过 2.2MPa)则开启排空阀门进行控制,直至启动所有泵

车，泵车启动后要处在空挡怠速状态。所有泵车与增压泵内液态二氧化碳循环平稳后，可逐台使泵车挂一挡并将发动机转速提升至 1600r/min（传动箱锁定转速），每提升一台泵车至一挡 1600r/min 时需确认增压泵与高压管线内压力正常才可提升下一台泵车，直至所有泵车提升至一挡 1600r/min，使整个高低压内平稳循环至液力端温度达到-5℃以下。

⑪ 注意启动泵车时速度过快易导致液态二氧化碳与热的泵体接触产生大量气态二氧化碳，分离罐排空不及时，造成压力上升过快开启安全阀。提升所有泵车至一挡 1600r/min 时需计算好启动泵车数量的排量与循环低压管线的排量相匹配，避免低压管线压力超过最大限压。

⑫ 监控各高压管线、液力端和循环管线温度当降到-17～-20℃，且泵车液力端冷却至-5℃以下即冷却完毕。检测过程中如发现温度低于-35℃时，则该部位有结干冰的可能，可继续循环持续观察，如温度无回升迹象则执行放空流程并更换堵塞管线。

（2）泵注二氧化碳施工

① 将冷却完毕后的所有泵车熄火，然后关闭冷却循环管线高压旋塞阀，启动一台泵车进行试压，试压至设计压力，试压合格后将泵车熄火（连续施工时第二层施工开启井口前可根据井口压力打适当高于井口压力的备压），开启井口闸门，所有泵车启动做施工准备。

② 通知全部储罐开启卸车泵，观察分离罐压力与液位，保证分离罐压力（不超过 2.4MPa）与液面正常，启动增压泵使增压泵排量略高于泵车排量，观察好增压泵进出口压差（不低于 0.1MPa），逐渐提升泵车排量至施工标准进行正式施工。

③ 如遇泵车突然超压或其他突然停泵情况，马上通知增压泵和储罐立即停泵，在等待措施前控制好增压泵分离器内压力。

④ 注二氧化碳施工时密切注意二氧化碳增压泵压力，根据排量适当调整增压泵分离罐罐内液面和供液压力，确保液面处在适当位置（分离罐中位排空阀门以上），能够平稳地为泵车供液。如施工中设备发生故障等原因导致排量变化，立即通知增压泵调整排量。

⑤ 施工中由专人负责观察好各储罐内液位，尽可能控制所有储罐内液面平衡。

⑥ 施工至储罐内液面较低时，当储罐内压力接近 1.2MPa（温度低于−35℃），应逐渐降低排量直至停止施工。增压泵应同时注意保持分离罐内压力不低于 1.2MPa。

（3）施工完毕后排空

① 泵注二氧化碳施工完毕，停止注入泵车；停止增压泵车（橇）；停止储罐（罐车）卸液泵，关闭井口闸门，然后通过高低压放压闸门进行高低压管线放压排空。

② 二氧化碳增压泵通过分离罐底部放空闸门进行快速放压排空，将其余管道内放空阀门开启进行排空。

③ 为避免高低压管线内存干冰，开启的增压泵将二氧化碳排出阀门后，可开启二氧化碳储罐气相阀门进行再次充压，将所有管道内压力维持 5min 左右，然后再次进行放压排空，反复 2~3 次确保高低压管线内干冰被扫除干净。

④ 将高低压管线内的二氧化碳气体、液体排空，待确认管线内无压力后方可拆卸管线。

四、二氧化碳前置压裂主要风险及管控措施

1. 二氧化碳前置压裂主要风险

炮弹效应：二氧化碳施工中，当系统内压力突然变化的部位会产生干冰（如放压旋塞阀、泵车液相管线里），严重时会堵塞管线。如果在干冰未完全汽化时拆卸管线，管线内的固态或液态二氧化碳因受热汽化，体积急速膨胀导致管线内部压力急速上涨，将堵塞的干冰从管线出口高速喷出造成人员、设备的损伤，形成"炮弹效应"。

2. 二氧化碳前置压裂主要风险的管控措施

排气和液相的出口处禁止朝向有人的方向。施工时，各操作人员都应该在设备附近，预备处理紧急情况。

管线、设备处于低温状态时不要敲击或大力撞击，防止破碎崩裂。低压管线两端必须用安全绳有效固定，低压不安全是二氧化碳施工最大的安全隐患。压力传感器必须装在干路上，传感器的接口必须朝上，防止干冰堵塞通道，导致压力信号无法正常采集。

施工中和施工结束后，存在液态、固态二氧化碳的管路、井口等不

得同时关闭两道闸门而造成封闭的死空间，否则可能导致闸门损坏或引起爆炸事故。

干冰堵塞的管线，应始终保持出口通畅，蒸发的二氧化碳可以及时排出；尽量不要通过敲击等物理方式清理结冰管线，管线口禁止朝向有人的方向，防止干冰堵块因膨胀飞出造成伤害(炮弹效应)。

由于二氧化碳的物理特性，在压力降低后温度也会随之降低，液体"沸腾"加剧，导致液体内部含气量急剧升高，泵效急剧降低，压裂泵无液体排出，泵腔温度会快速升高。二氧化碳在井场条件下三相并存，其中固相(絮状干冰)会在低点沉积，例如管线的最低点等，随着施工时间的延长，这些部位可能堵死，导致设备无法正常工作。

二氧化碳施工操作中闸门操作的原则是：先关后开，慢关慢开。条件允许时要把所有的二氧化碳罐一次性接入增压泵车管汇。劳保用品穿戴规范，注意不要被管线不锈钢丝断头划伤。冬季施工如遇下雨，长停后再次施工前需确认各个放喷口内无结冰堵塞。

五、二氧化碳前置压裂应急处置

1. 二氧化碳施工中途停泵应急处置

（1）长停

长停是指停泵时间超过 1h 的情况。具体措施为：压裂泵车停泵，关闭井口闸门，主管线放压旋塞阀打开放压，至仪表显示压力为"0"。打开泵头侧面旋塞阀，打开上液管线排气球阀排气，管线变软为液体完全转化为气体和固体，且固体没有堵塞管线；如果管线比较硬，不要敲击管线，可关闭球阀 30s 再打开或直接静置直至其泄压完成。保持从增压泵出口至泵车吸入口球阀敞开，压裂泵至井口之间高压旋塞阀敞开。

（2）短停

压裂泵车停泵，关闭井口闸门，主管线放压，打开旋塞阀放压至仪表显示压力为"0"。打开增压泵车循环阀，增压泵车进出口压力相同（保持冷却状态）。增压泵低速运转，观察液体压力不要超压。允许施工后关闭所有闸门重新冷却设备。

（3）整改井口

如果井口出现异常情况或干路管线旋塞阀损坏必须按照长停泵措施执行。若无异常且整改时间不长的情况下可以按短停执行。

2. 二氧化碳管线结干冰应急处置

（1）低压部分

施工时备用两根管线，低压管线结干冰，执行长停措施，管线内无压力后直接更换低压管线；换下的结干冰管线要小心搬运，并对相关人员进行安全告知。

（2）高压部分

高压部分有无干冰比较难以判断，一旦遇到中途停泵、管线冷却等情况，应缓慢起泵，至压力平稳后再换挡或加载其他车辆，并随时预备紧急停泵。压力异常停泵后按长时停泵措施泄压后检查高压管线。

3. 管线断裂、脱落应急处置

（1）气相管线断裂、脱落

气相管线连接时应使用安全绳有效固定。施工前应充分平衡罐体内压力，并全面分段试压。管线断裂、脱落后高压气体快速膨胀，管线会快速回抽，因此施工人员都不得站在管线回转的半径内，并及时寻求掩护，防止二次或多次回弹造成机械伤害。管线稳定后再关闭相应闸门。

（2）液相管线断裂、脱落

液相管线连接时应使用安全绳有效固定。施工前应充分充压试漏、冷却管线，并全面分段试压，开始施工后少量的泄漏在不影响安全的条件下可先不进行处理。管线断裂、脱落后高压液体快速膨胀，吸收大量热量，产生气和干冰，管线会快速回抽，因此施工人员都不得站在管线回转的半径内，并及时寻求掩护，防止二次或多次回弹造成机械伤害。防止冻伤，不要长时间停留在低处或封闭的环境下，防窒息。管线稳定后再关闭相应闸门。重新施工必须检查低压管路结干冰的情况。

4. 高压管线刺漏、断裂、脱落应急处置

（1）高压管线刺漏

高压管线连接时应使用安全绳有效固定。施工前应充分冲压试漏、冷却管线。旋塞密封脂加注口、弯头活节、观察孔等可能存在少量的泄

漏，高压管件端面密封处泄漏应及时停泵整改。完整的流程必须包含单流阀、放压阀，干线上最靠近井口的位置有一道旋塞阀，紧急时可关闭该旋塞阀将设备与井口隔离。冷却设备的旋塞阀应定期活动防止干冰堆积。

（2）高压管线断裂、脱落

高压管线压力传感器必须朝上安装，仪表控制及时停泵。管线断裂、脱落后井口高压液体快速释放，可能诱喷，高压管线可能在弯头活节处回抽或旋转，此时在场人员及时寻求掩护，防止二次或多次回弹造成机械伤害，防止冻伤，不要长时间停留在低处或封闭的环境下，防窒息。管线稳定后再关闭相应闸门。

第四章

二氧化碳驱油注入采出井场风险防控

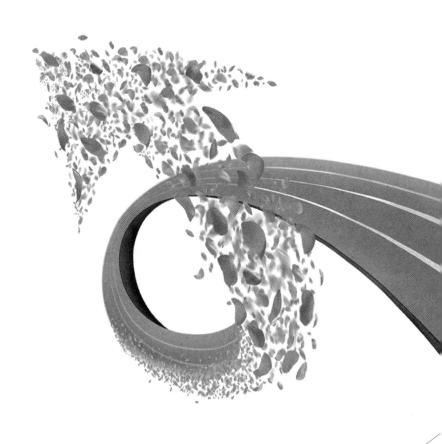

通常条件下二氧化碳和原油就像水和油一样，不能互溶，但当二氧化碳通过地面高压注入设备由注入井注入目的油层，地层压力达到一定条件，二氧化碳和原油就能够像水和酒精一样融在一起，如此便可以大幅度降低原油的黏度，增加原油的流动性，进而把小孔隙中难以流动的原油驱替出来，达到提高原油采收率的目的。二氧化碳驱油注入的方式主要包括气相注入、液相注入、密相注入；采出的方式主要包括机械采油和自喷管柱生产两种形式。

第一节　二氧化碳驱油注入井场风险防控

二氧化碳驱油注入井场主要是将注气站输送的高压液相或密相二氧化碳或注水站输送过来的高压水注入油层，达到提高原油采收率的目的。

一、二氧化碳驱油注入井场主要设备设施

注入井场的注入井安全设施主要包括井口装置、井下控制装置、地面数据监测装置。

1. 井口装置

井口装置额定压力应不小于目的层位最高地层压力及设计最大注入压力，井口材料、井口规范级别、井口耐温级别应根据使用环境进行选择，井口结构形式应结合对应压力等级进行选择。每个闸门的编号见图4-1，其中，中间最上部7号闸门为测试闸门，用于电缆测试；井口上部横向连接小四通的10号、11号闸门为注入闸门，8号、9号闸门为备用注入闸门，是流体进入注入管柱、地层的控制闸门；竖直向下4号闸门为主闸门、1号闸门为备用主闸门，用于切断井口小四通上部采油树与井内压力；套管四通连接的5号、6号闸门为套管闸门，2号、3号为备用套管闸门，可用于安装套压监测设备。所有闸门开到底后需回转1/3圈，每月打黄油保养一次。

2. 井下控制装置

井下控制装置包括井下注气阀、井下安全阀。对于水气交替工艺同

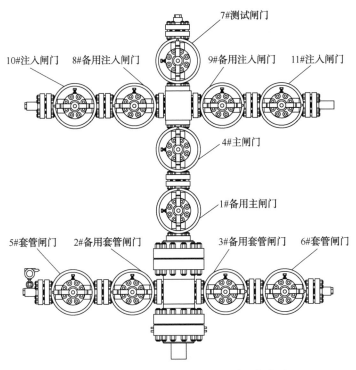

图 4-1　CCUS 注入井井口闸门编号与名称

时需要后期测试吸气剖面的注入井配备井下安全阀，同时地面配套井口控制系统，其他情况配备井下注气阀。

3. 地面数据监测装置

通过注入井井口不同闸门位置安装压力变送器，将注入压力、套压、表套压力转换成电信号进行远传，便于远程实时监控。

二、二氧化碳驱油注入井场运行过程管理

1. 监控管理

注入井必须进行注入压力、套压、表套压的实时监测，数据采集上传间隔≤0.5h，结合生产实际设置合理阈值，压力数值超阈值主动上传，并进行报警提示。对于配备安全阀的注入井还需要监控安全阀液控管线压力，确保在注入工况下液控管线压力维持在 28~30MPa。

2. 巡查管理

实现信息化管控的注入井视频巡检+人工巡检频次应不低于 4 次/天，人工巡检频次不低于 1 次/天。视频重点巡查内容主要是生产闸门、总

闸门、油管闸门、套管闸门、测试闸门、法兰等部位的密封性。人工重点巡检内容主要是沿途管线是否有穿孔、管线周围是否有外来施工等潜在的可能对管线产生损伤的情况。

3. 动态管理

（1）注入压力

注入压力大于等于设备额定注入压力 95% 时进行超压报警，此时进行设备停泵、异常排查，落实井下、地面状况，消除生产异常。运行平稳、注入排量不变时，若注入压力出现瞬时变化（升高或下降）2MPa 或以上异常时，要进行异常排查，落实井下、地面状况，消除生产异常，对于现场落实后未发现问题的，及时上报技术部门组织管柱生产状况及油藏注入状况分析。

（2）套压

运行平稳、注入排量不变时，若套压瞬时变化（升高或下降）20% 以上，要进行异常排查，落实井下、地面状况，消除生产异常，对于现场落实后未发现问题的，及时上报技术部门组织油套管生产状况分析。

（3）表套压

表套压 ≥1MPa 时，应泄压观察压力恢复情况，若泄压后持续带压或出现注入压力异常降低等情况需进行检管验套施工。

（4）井下安全阀

配套井下安全阀的注气井，应每 6 个月对井下安全阀开关试验一次，检验通过井口控制系统进行操作，当压力低于 30MPa 时应及时进行补压，避免安全阀关闭。

三、二氧化碳驱油注入井场主要风险分析及管控措施

二氧化碳驱油注入井场生产过程中主要存在冻伤、窒息、物体打击、低温脆断等风险，存在一定的危险性。

1. 冻伤风险及管控措施

（1）风险分析：低温液态注入现场可见设备、流程表面覆盖较厚的冰霜，在作业人员违章作业或未戴防护手套的情况下，接触输送液态二氧化碳的管道和连接部件易造成皮肤冻伤。当液态二氧化碳泄漏到空气中，会汽化，从环境中吸收大量的热，在泄漏区域造成 $-80 \sim -43℃$ 低

温，若人员未及时疏散，易造成冻伤。

（2）管控措施：加强现场设备设施的巡查，发现异常及时处置；于井场安装防护栏，设置安全警示标识；穿戴好个体防护用品如防寒服、防冻手套、安全帽等，配备正压式空气呼吸器及便携式二氧化碳检测仪；现场设置风向标；操作时站在上风向操作，严格按照操作规程操作。

2. 窒息风险及管控措施

（1）风险分析：注入井现场设备流程中的二氧化碳发生泄漏时，会在附近空气中产生高浓度的二氧化碳（在正常情况下，二氧化碳在空气中的体积分数是 0.04%，当二氧化碳的体积分数超过 1% 时，就会对人体产生影响，低浓度的二氧化碳可以兴奋呼吸中枢，使呼吸加深加快。高浓度二氧化碳可以使血液中的碳酸浓度增大，酸性增强，并产生酸中毒，从而抑制和麻痹呼吸中枢），如果环境中的二氧化碳浓度过高就会造成人员窒息。

（2）管控措施：加强现场设备设施的巡查，发现异常及时处置；于井场安装防护栏，设置安全警示标识；穿戴好个体防护用品，配备正压式空气呼吸器及便携式二氧化碳检测仪；现场设置风向标；操作时站在上风向操作，严格按照操作规程操作。

3. 物体打击风险及管控措施

（1）风险分析：注入井口承高压部件多，当这些部件意外失控时，会飞出打击人员和周围设施，易造成人员伤害以及设备、设施的损坏。

（2）管控措施：井口安装缆绳固定；加强现场设备设施的巡查，发现异常及时处置；于井场安装防护栏，设置安全警示标识；穿戴好个体防护用品，配备正压式空气呼吸器及便携式二氧化碳检测仪；严格按照操作规程操作。

4. 低温脆断风险及管控措施

（1）风险分析：注入井口的液相二氧化碳来液温度为 0℃ 以下，压力一般超过 25MPa，在这一温度和压力下，若油管、套管、井口采油树及附属设施选材不当，且未经充分预冷，突遇超低温介质，易发生低温脆断事故。

（2）管控措施：设计时选择耐低温耐高压的采油树及井下工具，开注前对井口采油树及井下工具进行充分预冷。

四、二氧化碳驱油注入井场应急处置

1. 注入井井口刺漏应急处置

（1）发现确认：生产监控岗通过视频监控发现现场井口刺漏，通知生产技术部门和班站进行分析研判和现场核实。班站员工通过日常巡线，或根据调度室指令进行异常巡检，发现或确认现场情况。生产监控岗根据技术部门分析研判结果以及班站现场核实情况，确认现场情况，并向值班领导汇报。

（2）报警报告：生产监控岗根据值班领导指令，立即通知抢险人员，并向上级生产指挥中心汇报。汇报内容包括事发时间、事故地点、设备设施名称、涉及的危险物质、周边环境、事件初期处置情况、人员伤亡情况、联系人及电话等。

（3）岗位处置：班站岗位人员根据值班干部指令，对该井进行停注。班站值班干部组织岗位员工，做好现场警戒，防止无关人员入内。班站值班干部根据现场处置情况，及时向上级生产指挥中心汇报处置进度或请求增援。

（4）应急响应：基层单位领导接到汇报后，组织应急处置组，携带防寒服、正压式空气呼吸器、便携式二氧化碳四合一气体检测仪（含硫化氢）以及抢险施工机具器具等应急物资及装备赶赴现场。

（5）工艺调整：关闭相关流程闸门，生产监控岗对接注气单位现场负责人，协调关停生产设备设施、切断电源和气源、降压运行、切换流程。

（6）条件确认：气体检测组使用便携式二氧化碳四合一气体检测仪（含硫化氢）在现场下风口进行二氧化碳浓度及有毒有害气体检测，研判应急处置条件，确定安全范围，并进行持续监测；现场警戒组根据确定的安全范围，使用警戒带对抢险现场进行封闭，并做好现场警戒，防止无关人员进入。

（7）现场处置：关闭刺漏前端闸门，更换后端刺漏闸门或卡箍。

（8）扩大应急：当处置无效或发生可能危及重要场所及人员安全时，立即上报上级生产指挥中心，请求启动直属单位级应急预案，并向地方政府进行汇报，组织应急联动。

（9）后期处置：井口刺漏处置完毕后，由上级生产指挥中心通知班站值班人员组织倒流程试压；生产监控岗对接注气单位负责人，协调开启生产设备设施、切换流程、恢复运行。

（10）应急终止：确认受伤人员得到救治，现场泄漏已封堵，环境检测合格，生产恢复正常后，宣布应急终止。

2. 二氧化碳冻伤应急处置

（1）发现确认：生产监控岗通过视频监控发现现场二氧化碳冻伤事件，通知生产技术部门和班站进行分析研判和现场核实。班站员工通过日常巡线，或根据调度室指令进行异常巡检，发现或确认现场情况。生产监控岗根据技术部门分析研判结果以及班站现场核实情况，确认现场情况，并向值班领导汇报。

（2）报警报告：生产监控岗根据值班领导指令，立即通知抢险人员，并向上级生产指挥中心汇报。汇报内容包括事发时间、事故地点、设备设施名称、涉及的危险物质、周边环境、事件初期处置情况、人员伤亡情况、联系人及电话等。

（3）岗位处置：班站岗位人员根据班站值班干部指令，关停事故周围相关设备设施。班站值班干部组织岗位员工，在保证自身安全的前提下，安排将冻伤人员转移至安全位置等现场处置工作。班站岗位人员核实导致人员冻伤原因，做好现场警戒，防止无关人员入内。班站值班干部根据现场处置情况，及时向上级生产指挥中心汇报处置进度或请求增援。

（4）应急响应：基层单位领导接到汇报后，组织应急处置组，携带防寒服、正压式空气呼吸器、便携式二氧化碳四合一气体检测仪（含硫化氢）以及抢险施工机具器具等应急物资及装备赶赴现场。

（5）工艺调整：关闭相关流程闸门，生产监控岗对接注气单位现场负责人，协调关停生产设备设施、切断电源和气源、降压运行、切换流程。

（6）条件确认：气体检测组使用便携式二氧化碳四合一气体检测仪（含硫化氢）在现场下风口进行二氧化碳浓度及有毒有害气体检测，研判应急处置条件，确定安全范围，并进行持续监测；现场警戒组根据确定的安全范围，使用警戒带对抢险现场进行封闭，并做好现场警戒，防止无关人员进入。

（7）现场处置：使冻伤人员快速脱离低温环境，防止冻伤持续加重；用40~42℃温水或热毛巾对冻伤部位复温至皮肤发红，感到温热；待"120"急救人员赶到，将伤员转专业急救人员至医院救治。

（8）后期处置：处置完毕后，由生产指挥中心通知班站值班人员组织倒流程试压；生产监控岗对接注气单位负责人，协调开启生产设备设施、切换流程、恢复运行。

（9）应急终止：确认受伤人员得到救治，环境检测合格，生产恢复正常后，宣布应急终止。

3. 二氧化碳窒息应急处置

（1）发现确认：生产监控岗通过视频监控发现现场发生二氧化碳窒息事件，通知生产技术部门和班站进行分析研判和现场核实。班站员工通过日常巡线，或根据调度室指令进行异常巡检，发现或确认现场情况。生产监控岗根据技术部门分析研判结果以及班站现场核实情况，确认现场情况，并向值班领导汇报。

（2）报警报告：生产监控岗根据值班领导指令，立即通知抢险人员，并向上级生产指挥中心汇报。汇报内容包括事发时间、事故地点、设备设施名称、涉及的危险物质、周边环境、事件初期处置情况、人员伤亡情况、联系人及电话等。

（3）岗位处置：班站岗位人员根据班站值班干部指令，关停事故周围相关设备设施。班站值班干部组织岗位员工，在保证自身安全的前提下，安排将窒息人员转移至安全位置等现场处置工作。班站岗位人员核实导致人员窒息原因，做好现场警戒，防止无关人员入内。班站值班干部根据现场处置情况，及时向上级生产指挥中心汇报处置进度或请求增援。

（4）应急响应：基层单位领导接到汇报后，组织应急处置组，携带防寒服、正压式空气呼吸器、便携式二氧化碳四合一气体检测仪（含硫化氢）以及抢险施工机具器具等应急物资及装备赶赴现场。

（5）工艺调整：关闭相关流程闸门，生产监控岗对接注气单位现场负责人，协调关停生产设备设施、切断电源和气源、降压运行、切换流程。

（6）条件确认：气体检测组使用便携式二氧化碳四合一气体检测仪（含硫化氢）在现场下风口进行二氧化碳浓度及有毒有害气体检测，研判应急处置条件，确定安全范围，并进行持续监测；现场警戒组根据确定的安全范围，使用警戒带对抢险现场进行封闭，并做好现场警戒，防止无关人员进入。

（7）现场处置：施救人员佩戴正压式空气呼吸器等防护装备将倒地人员拖离至安全区域，保证区域通风良好。检查受伤人员，呼喊受伤人员进行意识确认。对受伤人员进行心肺按压帮助其恢复意识，等待"120"急救人员到来。将受伤人员转交"120"急救人员施救。

（8）后期处置：处置完毕后，由上级生产指挥中心通知班站值班人员组织倒流程试压；试压合格后，生产监控岗对接注气单位负责人，协调开启生产设备设施、切换流程、恢复运行。

（9）应急终止：确认受伤人员得到救治，环境检测合格，生产恢复正常后，宣布应急终止。

4. 二氧化碳注入管线泄漏应急处置

（1）发现确认：生产监控岗通过 SCADA 系统发现异常，通知相关业务人员进行分析研判和现场核实；班站员工根据上级指令进行异常巡检，确认现场泄漏情况；生产监控岗根据技术人员分析研判结果以及班站现场核实情况，确认现场事故情况，并向值班领导汇报。

（2）报警报告：生产监控岗根据值班领导指令，立即通知抢险人员，并向上级单位汇报事发时间、事故地点、设备设施名称、涉及的危险物质、周边环境、事件初期处置情况、联系人及电话等。

（3）岗位处置：生产监控岗接上级指令后立即对该井进行远程紧急停注；巡检人员关闭该井生产闸门，打开放空闸门注入管线进行泄压；另一名巡检人员做好现场泄漏点周围警戒，防止无关人员入内；班站值班干部根据现场情况，及时向上级汇报并请求增援。

（4）应急响应：基层单位领导接到汇报后，组织应急处置组，携带防寒服、正压式空气呼吸器、便携式二氧化碳四合一气体检测仪（含硫化氢）以及抢险施工机具器具等应急物资及装备赶赴现场。

（5）工艺调整：生产监控岗根据施工设计及时调整生产运行参数。

（6）条件确认：气体检测组使用便携式二氧化碳四合一气体检测仪（含硫化氢）在现场下风口进行二氧化碳浓度及有毒有害气体检测，研判应急处置条件，确定安全范围，并进行持续监测；现场警戒组根据确定的安全范围，使用警戒带对抢险现场进行封闭，并做好现场警戒，防止无关人员进入。

（7）现场处置：技术部门进行查找确认泄漏点，分析判断注入管线泄漏原因，制定检修方案，确定施工界面；组织挖掘机1台，现场处置组现场指挥，对泄漏点进行挖掘；技术控制组组织电焊机对泄漏管线进行焊接或更换；技术控制组组织有资质队伍对注入管线进行探伤。

（8）扩大应急：当泄漏失控，现场指挥应向上级单位汇报，请求启动上一级应急预案。

（9）后期处置：管线检修或更换后，进行管线试压，试压合格后，现场确认达到启运条件后上报；生产监控岗接上级指令，远程控制对该井恢复注气。

（10）应急终止：现场泄漏已封堵，环境检测合格，生产恢复正常后，宣布应急终止。

第二节　二氧化碳驱油采出井场风险防控

二氧化碳驱油采出井场从井口铺设单井集油管线，采用串接管网进行密闭管输，设备、管件均为耐腐蚀材质；因注气后采出井伴生气中二氧化碳含量升高，无法利用天然气进行升温，升温方式采用电伴热柔性复合管、地热井伴热等升温方式，也可采用空气热源泵、橇装式光热装置等新能源设备进行升温，升温后的采出液进入采出液集中处理系统。

一、二氧化碳驱油采出井场主要设备设施

采出井场设备设施主要由抽油机、井口设备、信息化设备、加热设备、加药设备、抽油泵、单井管线等组成。以下对抽油机之外的设备设施进行简要介绍。

1. 井口设备

井口装置额定压力应大于生产层位目前最高地层压力（可结合日液折算液柱高度计算），井口型号应根据采油井风险等级、生产条件、产液产气性质等进行选择。有杆泵井应按照井口装置对应压力级别选择配

套气囊式光杆密封装置。

2. 信息化设备

采出井井口油压监测配备温压一体化变送器、套压监测配备压力变送器，悬点载荷配监测备压力变送器，井场安装视频监控，保证采集生产参数实时上传。

在每口采出井设置 1 套 RTU，完成井口工艺参数的采集，并通过通信信道上传至各井所属单位的前线指挥中心。

3. 加热设备

（1）空气热源泵

空气源热泵是利用蒸发器吸收外界空气中的热源，经过压缩机做功，将能量搬运（转移）至冷凝器（换热器）中，反复循环加热，实现加热升温的（图 4-2）。

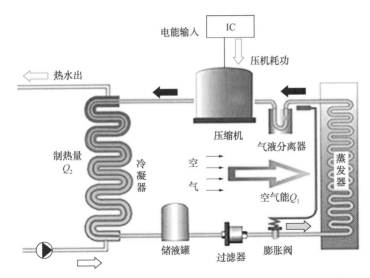

图 4-2　空气热源泵工作原理图

（2）橇装式光热装置

橇装式光热装置的核心是利用"光热+智能谷电蓄换热"技术，采用"高效真空集热器"将光能转换成热能，依靠传热介质"水基热媒循环液"，经"智能谷电蓄换热装置"对输油管道、储油罐中的介质进行加热。通过蓄热介质将部分光热能及电热能（光热储能+电蓄热）在"高效储能换热装置"中储存起来。在太阳光照较弱或夜晚时，满足原油外输或加热温度的需求（图 4-3）。

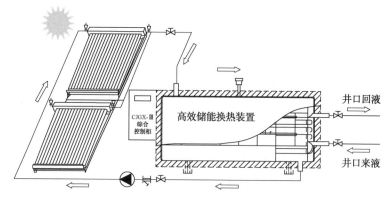

图 4-3　橇装式光热装置工作原理图

4. 加药设备

对于含水≥30%或挂片腐蚀速率≥0.076mm/a 的油井，应从套管连续加注缓蚀剂。加药设备主要有以下几类。

（1）加药混合系统

加药混合系统又称加药柜，是以计量泵为主要投加设备，将药剂罐、电加热器、压力变送器、液位变送器、温度变送器、过滤器、截止阀、止回装置、安全阀、变压器、PLC 控制系统等按工艺流程需要组装在一个公共平台上，形成一个橇装式组合式单元。工作时，通过转动计量泵调节手轮，达到控制加药量的目的。

（2）光杆柱塞泵

利用光杆上下运动控制加药柱塞泵的工作，实现药剂定排量注入。采用机械控制方式，结构简单、成本低、排量调节方便。

5. 抽油泵

对含水≥30%或挂片腐蚀速率≥0.076mm/a 的油井，应配套防腐抽油泵，抽油泵阀球、阀座等关键部件采用硬质合金，泵筒和柱塞喷焊镍基合金进行防腐处理，可在抽油泵下部挂阴极防护短节。

6. 单井管线

单井管线可采用玻璃钢管线、柔性复合管、不锈钢管和"钢管+内防管"等。其中，电伴热柔性复合管道具有多层结构，主要由内衬层、伴热增强层、隔离层、外护套、保温层、保温保护层构成(图 4-4)，采用电阻加热原理，利用电流流过导体的焦耳效应产生的热能，对物体进行加热。使产品在常规复合管道的基础上，拥有加热升温功能，能改善管输条件。

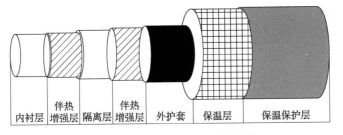

| 内衬层 | 伴热增强层 | 隔离层 | 伴热增强层 | 外护套 | 保温层 | 保温保护层 |

图 4-4　电伴热柔性复合管道结构

二、二氧化碳驱油采出井场运行过程管理

1. 井口装置试压过程管理

采出井井口装置包括套管短接、套管闸门、生产闸门、回压闸门、底法兰、井口三通、盘根盒等部分组成。采出井作业的工艺设计必须明确试压方案、试压等级；作业监督要现场全程监督井口试压过程，并留存试压合格的记录资料。

套管短接、套管闸门、底法兰在安装防喷器后进行试压，试压21MPa，稳压不低于15min，压降小于0.7MPa，密封部位无渗漏为合格。生产闸门、回压闸门、井口三通、盘根盒，在作业开井试抽时缓慢关闭回压闸门进行试压，憋压达到10MPa，稳压10min，压降小于0.5MPa，井口不刺不漏为合格。

2. 伴生气二氧化碳含量分级管理

每月对伴生气二氧化碳含量进行密闭检测，根据采出井伴生气二氧化碳含量，实行分类管理，伴生气二氧化碳含量小于30%的，按照常规采油井管理；二氧化碳含量大于65%的判定为发生严重气串，需停井并制定下步措施。

二氧化碳含量在30%~65%之间的，要做好以下管理措施：

（1）加密定性检测。利用便携式气体检测仪加密定性检测，每旬密闭取样利用比长式快速检测管定量检测一次，根据二氧化碳含量动态调整注入井的配注。

（2）示功图、回压和井口温度监控。每天对示功图进行分析，重点是载荷变化情况；对井口温度、回压数据实时分析，载荷1天变化幅度5%以上、井口温度下降或上升5℃以上，要及时取伴生气气样进行分析检测，防止二氧化碳含量突变，保证采出井生产动态稳定。

（3）注气井动态调配。根据见效井二氧化碳含量和变化趋势，及时调整注气井的配注量，减缓气窜发生，提高气驱效率。

3. 井口压力变化分级管理

（1）井口回压

日常检查电加热炉、掺水伴热、地热井掺水的正常运行。回压低于正常回压时分析示功图、动液面、最大最小载荷变化，判断采出井是否出现井筒失效；井口回压突然降低20%以上时，需现场落实地面管线是否出现破损、泄漏，制定措施消除生产异常；井口回压突然升高至1.5MPa以上时，需现场落实地面管线是否出现冻堵，制定措施消除生产异常。

（2）套管压力

压力≥3MPa的油井应在油嘴前部安装对应压力级别的油套联通装置，定期进行放套压；压力≥井口装置及光杆密封器额定工作压力80%的油井，应立即关闭对应注气井分支闸门并组织关闭对应注气井，组织进行放套压、循环洗压井，并分析压力变化原因，制定治理措施，保障压力稳定、安全可控后方可开井。

4. 见效井日常管理

要做好采出井井口温度监控，当温度低于原油凝固点时，及时采取升温和保温措施，可以采取提高地热井排量、井口电加热温度等措施，提高井口温度，防止冻堵事故发生。地面流程采取提高电加热复合管流体温度，降低回压。井口、流程应优选防二氧化碳腐蚀材质，生产井井筒内连续加二氧化碳缓蚀剂，减少二氧化碳腐蚀对井筒管杆泵和地面设备的腐蚀。

三、二氧化碳驱油采出井场主要风险分析及管控

二氧化碳驱油采出过程中，采出井采出液为易燃、易爆的石油、天然气以及二氧化碳，生产过程中存在井控、腐蚀、冻堵、机械伤害等风险。

1. 井控风险及管控措施

（1）风险分析：由于气体在地层中的移动速度远快于液体在地层中的移动速度，从而造成了气驱和水驱的一个显著区别，就是水驱在受效过程中压力一般是渐变的，但是气驱在受效过程中的压力变化几乎都是以突变的形式展现。如果这些巨大的压力变化不能被及时地发现并采取

有效的措施，极有可能造成井喷失控产生安全事故，井控风险也是二氧化碳驱油目前面临的主要风险之一。

（2）管控措施：建议根据受效情况和风险等级，将采出井井口更换为法兰连接的 35MPa 或以上压力等级采油树，提高采油树的耐压等级，加强受效井的预警，对与注入井同层位的采出井、与注入井连通性较好的采出井、与注入井井距小的可能受效的采出井纳入重点管理，能够及时发现压力变化并有效处置。充分发挥井口信息化仪器仪表作用，对压力表设置报警阈值，一旦井口压力超过阈值即进行报警。通过信息化手段实现对采出井生产状况的跟踪报警，对风险进行有效规避。发生溢流需要进行压井时，用于含二氧化碳采出井的压井液，可以是水基的也可以是油基的。首先要考虑压井液密度，压井液静液柱压力必须大于含二氧化碳地层的压力。为避免作业时二氧化碳的扩散也能进入压井液中，还需使用中和二氧化碳的处理剂进行处理。常用的处理剂有碱式碳酸锌、烧碱等。对于油基压井液，应加入中和二氧化碳的处理剂；对于水基压井液，除加入中和二氧化碳的处理剂外，还应保持压井液的 pH 值在 9.5 以上，以使二氧化碳分解。

2. 腐蚀风险及管控措施

（1）风险分析：二氧化碳溶于水后形成碳酸，随着采出液中二氧化碳含量的增加，加剧了井下工具、井口装置及管线流程的电化学腐蚀。

（2）管控措施：加强腐蚀监测有效了解产出液对流程腐蚀的速度和程度，可以在井下与井口进行挂片试验，通过对挂片的表面观察和称重来分析挂片的腐蚀情况，并通过挂片的腐蚀情况推测管线的腐蚀情况和防腐效果，通过向管网中人工加入缓蚀剂降低管网的腐蚀；加强管线检测，对于检测出来严重腐蚀的管线和多次发生穿孔的管线段进行更换，以此降低管线穿孔的概率，规避环境风险。

3. 冻堵风险及管控措施

（1）风险分析：采出井见气后，原油中液态二氧化碳在举升中汽化吸热导致井口采出液温度较低，存在流程冻堵风险。

（2）管控措施：做好井口回压数据的实时监控分析，发现井口回压升高时，及时检查加热装置、掺水伴热、地热井伴热是否正常工作；当温度低于原油凝固点时，及时采取升温和保温措施，可以采取提高地热井排量、井口电加热温度等措施，提高井口温度，防止冻堵事故发生。

地面流程采取提高电加热复合管流体温度，降低回压。

4. 机械伤害风险及管控措施

（1）风险分析：设备旋转部位防护不全，未停机断电进行设备维护保养，存在人员受到机械伤害的风险。

（2）管控措施：设备旋转部位规范安装防护罩，设置安全警示标识；检维修设备前先停机断电，并挂"禁止合闸"警示牌；安排专人做好现场监护。

四、二氧化碳驱油采出井场应急处置

1. 采出井井口刺漏应急处置

（1）发现确认：生产监控岗通过视频监控发现现场井口刺漏，通知生产技术部门和班站进行分析研判和现场核实。班站员工通过日常巡线，或根据调度室指令进行异常巡检，发现或确认现场情况。生产监控岗根据技术部门分析研判结果以及班站现场核实情况，确认现场情况，并向值班领导汇报。

（2）报警报告：生产监控岗根据值班领导指令，立即通知抢险人员，并向上级生产指挥中心汇报。汇报内容包括事发时间、事故地点、设备设施名称、涉及的危险物质、周边环境、事件初期处置情况、人员伤亡情况、联系人及电话等。

（3）岗位处置：班站岗位人员根据值班干部指令，对该井进行停井。班站值班干部组织岗位员工，做好现场警戒，防止无关人员入内。班站值班干部根据现场处置情况，及时向上级生产指挥中心汇报处置进度或请求增援。

（4）应急响应：基层单位领导接到汇报后，组织应急处置组，携带围油栏、吸油毡、防寒服、正压式空气呼吸器、便携式二氧化碳四合一气体检测仪（含硫化氢）以及抢喷工具等应急物资及装备赶赴现场。

（5）工艺调整：生产监控岗按应急指令实施远程关井。同时，由班站值班人员关闭相关流程闸门。班站值班人员组织关停采出井对应外输管线闸门。

（6）条件确认：气体检测组使用便携式二氧化碳四合一气体检测仪（含硫化氢）在现场下风口进行二氧化碳浓度及有毒有害气体检测，研判应急处置条件，确定安全范围，并进行持续监测；现场警戒组根据确定的安全范围，使用警戒带对抢险现场进行封闭，并做好现场警戒，防止无关人员进入。

（7）现场处置：现场处置组采取就地取土筑坝、垒沙袋等方式对泄漏处周边进行围堵，并及时回收泄漏油污，控制污染进一步扩大。处置井口盘根盒刺漏，关闭井口防喷盒胶皮阀门，更换密封盘根；处置井口法兰刺漏，泵车循环脱气，泄掉井内压力，更换完好井口配件；处置卡箍刺漏，关闭刺漏卡箍前端闸门，更换卡箍。

（8）扩大应急：当处置无效或发生可能危及重要场所及人员安全时，立即上报上级生产指挥中心，请求启动直属单位级应急预案，并向地方政府进行汇报，组织应急联动。

（9）后期处置：井口刺漏处置完毕后，由上级生产指挥中心通知班站值班人员组织倒流程试压。试压合格后，生产监控岗按指令实施远程开井。现场处置组组织将泄漏出的油污全部收集完毕，转运至卸油台；同时，使用吸油毡吸附水体表面残余污染物。现场处置组妥善组织回收使用后的拖油栏、吸油毡、油泥沙等危险废物转运至油泥沙贮存池。组织对泄漏点周边水体、土壤进行取样，并送至专业机构进行检测，确保达到环保要求。

（10）应急终止：现场泄漏已封堵，环境检测合格，污染物得到收集转运，生产恢复正常后，宣布应急终止。

2. 二氧化碳窒息应急处置

（1）发现确认：生产监控岗通过视频监控发现现场发生二氧化碳窒息事件，通知生产技术部门和班站进行分析研判和现场核实。班站员工通过日常巡线，或根据调度室指令进行异常巡检，发现或确认现场情况。生产监控岗根据技术部门分析研判结果以及班站现场核实情况，确认现场情况，并向值班领导汇报。

（2）报警报告：生产监控岗根据值班领导指令，立即通知抢险人员，并向上级生产指挥中心汇报。汇报内容包括事发时间、事故地点、设备设施名称、涉及的危险物质、周边环境、事件初期处置情况、人员伤亡情况、联系人及电话等。

（3）岗位处置：班站岗位人员根据班站值班干部指令，关停事故周围相关设备设施。班站值班干部组织岗位员工，在保证自身安全的前提下，安排将窒息人员转移至安全位置等现场处置工作。班站岗位人员核实导致人员窒息原因，做好现场警戒，防止无关人员入内。班站值班干部根据现场处置情况，及时向上级生产指挥中心汇报处置进度或请求增援。

（4）应急响应：基层单位领导接到汇报后，组织应急处置组，携带围油栏、吸油毡、防寒服、正压式空气呼吸器、便携式二氧化碳四合一气体检测仪（含硫化氢）以及抢喷工具等应急物资及装备赶赴现场。

（5）工艺调整：生产监控岗按应急指令实施远程关井。同时，由班站值班人员关闭相关流程闸门。班站值班人员组织关停采出井对应外输管线闸门。

（6）条件确认：气体检测组使用便携式二氧化碳四合一气体检测仪（含硫化氢）在现场下风口进行二氧化碳浓度及有毒有害气体检测，研判应急处置条件，确定安全范围，并进行持续监测；现场警戒组根据确定的安全范围，使用警戒带对抢险现场进行封闭，并做好现场警戒，防止无关人员进入。

（7）现场处置：若存在泄漏情况，现场处置组采取就地取土筑坝、垒沙袋等方式对泄漏处周边进行围堵，并及时回收泄漏油污，控制污染进一步扩大。施救人员佩戴正压式空气呼吸器等防护装备将倒地人员拖离至安全区域，保证区域通风良好。检查受伤人员，呼喊受伤人员进行意识确认。对受伤人员进行心肺按压帮助其恢复意识，等待"120"急救人员到来。将受伤人员转交"120"急救人员施救。

（8）后期处置：若存在泄漏，泄漏处置完毕后，由上级生产指挥中心通知班站值班人员组织倒流程试压。试压合格后，生产监控岗按指令实施远程开井。现场处置组组织将泄漏出的油污全部收集完毕，转运至卸油台；同时，使用吸油毡吸附水体表面残余污染物。现场处置组妥善组织回收使用后的拖油栏、吸油毡、油泥沙等危险废物转运至油泥沙储存池。组织对泄漏点周边水体、土壤进行取样，并送至专业机构进行检测，确保达到环保要求。

（9）应急终止：确认受伤人员得到救治，环境检测合格，污染物得到收集转运，生产恢复正常后，宣布应急终止。

3. 二氧化碳冻伤应急处置

（1）发现确认：生产监控岗通过视频监控发现现场二氧化碳冻伤事件，通知生产技术部门和班站进行分析研判和现场核实。班站员工通过日常巡线，或根据调度室指令进行异常巡检，发现或确认现场情况。生产监控岗根据技术部门分析研判结果以及班站现场核实情况，确认现场情况，并向值班领导汇报。

（2）报警报告：生产监控岗根据值班领导指令，立即通知抢险人员，并向上级生产指挥中心汇报。汇报内容包括事发时间、事故地点、设备设施名称、涉及的危险物质、周边环境、事件初期处置情况、人员伤亡情况、联系人及电话等。

（3）岗位处置：班站岗位人员根据班站值班干部指令，关停事故周围相关设备设施。班站值班干部组织岗位员工，在保证自身安全的前提下，安排将冻伤人员转移至安全位置等现场处置工作。班站岗位人员核实导致人员冻伤原因，做好现场警戒，防止无关人员入内。班站值班干部根据现场处置情况，及时向上级生产指挥中心汇报处置进度或请求增援。

（4）应急响应：基层单位领导接到汇报后，组织应急处置组，携带围油栏、吸油毡、防寒服、正压式空气呼吸器、便携式二氧化碳四合一气体检测仪(含硫化氢)以及抢喷工具等应急物资及装备赶赴现场。

（5）工艺调整：生产监控岗按应急指令实施远程关井。同时，由班站值班人员关闭相关流程闸门。班站值班人员组织关停采出井对应外输管线闸门。

（6）条件确认：气体检测组使用便携式二氧化碳四合一气体检测仪(含硫化氢)在现场下风口进行二氧化碳浓度及有毒有害气体检测，研判应急处置条件，确定安全范围，并进行持续监测；现场警戒组根据确定的安全范围，使用警戒带对抢险现场进行封闭，并做好现场警戒，防止无关人员进入。

（7）现场处置：若存在泄漏情况，现场处置组采取就地取土筑坝、垒沙袋等方式对泄漏处周边进行围堵，并及时回收泄漏油污，控制污染进一步扩大。将冻伤人员快速拖离低温环境，防止冻伤持续加重；用40~42℃温水或热毛巾对冻伤部位复温至皮肤发红，感到温热；待"120"急救人员赶到，将伤员转专业急救人员至医院救治。

（8）后期处置：若存在泄漏，泄漏处置完毕后，由上级生产指挥中心通知班站值班人员组织倒流程试压。试压合格后，生产监控岗按指令实施远程开井。现场处置组组织将泄漏出的油污全部收集完毕，转运至卸油台；同时，使用吸油毡吸附水体表面残余污染物。现场处置组妥善组织回收使用后的拖油栏、吸油毡、油泥沙等危险废物转运至油泥沙贮存池。组织对泄漏点周边水体、土壤进行取样，并送至专业机构进行检测，确保达到环保要求。

（9）应急终止：确认受伤人员得到救治，环境检测合格，污染物得到收集转运，生产恢复正常后，宣布应急终止。

第三节　二氧化碳驱油注采井动态监测风险防控

二氧化碳驱油注采井动态监测主要是指在 CCUS 区域运用专业地面设备通过专用绳缆将测试仪器下入井内设计深度开展测井、试井等各类测试的作业施工。测试内容包括针对储层、流体、井筒的油藏动态监测全部内容和二氧化碳运移、封存的监测。

从油田注二氧化碳驱油开发的运行阶段上说，应分为二氧化碳气驱前、二氧化碳气驱中和二氧化碳气水交替驱三个阶段的动态监测。实施不同阶段的动态监测，可以获取测试井的地层压力温度、井筒完整性、流体物性及生产参数，评价注采井间的连通关系，分析注气前缘、储层动态参数及地层压力变化，评价二氧化碳驱油过程中对应采出井受效情况等，为二氧化碳驱油开发动态跟踪调控提供数据支撑，指导井控和安全措施的制定。

二氧化碳气驱前主要开展井筒完整性方面的工程测井项目，包括电磁探伤、多臂井径、八扇区水泥胶结等，一般是压井后在套管内实施；二氧化碳气驱和二氧化碳气水交替驱阶段主要开展注采井各类生产测试，包括流静压、注入剖面、产出剖面、温压剖面等，一般是井口带压在油管内实施。按照绳缆作业施工方式，主要有以下几种动态监测作业工艺。

（1）套管井测试：在注采井压井、井内油管全部起出后，测试绳缆连接监测仪器经封井器下入，在套管内开展的测井、试井等各类测试作业。这类测试不安装井口闸门及测试用井口防喷装置，井控由修井施工队负责，监测施工队配合。

（2）钢丝作业存储测试：在注入井、自喷井正常生产状态下，测试钢丝穿过井口防喷装置连接存储式测试仪器，从井口的测试闸门下入井内，在设计深度开展的测井、试井等各类测试作业。这类测试根据井内流体情况选择使用一定尺寸规格和耐腐蚀性能的专用钢丝，根据井口压力大小选择安装一定耐压级别的钢丝作业井口防喷装置，井控由监测施工队负责。

（3）电缆作业直读测试：在注入井、自喷井正常生产状态下，测试电缆穿过井口防喷装置连接直读式测试仪器，从井口的测试闸门下入井内，在设计深度开展的测井、试井等各类测试作业。这类测试根据井内流体情况选择使用一定尺寸规格和耐腐蚀性能的专用电缆，根据井口压力大小选择安装一定耐压级别的电缆作业井口防喷装置，井控由监测施工队负责。

（4）脱挂存储测试：在注入井、自喷井正常生产状态下，施行钢丝作业将脱挂器及测试仪器输送至设计深度，脱挂器释放部分动作，将悬挂部分及测试仪器悬卡在油管内壁上，钢丝及脱挂器释放部分起出井口。待测试完毕后，下入打捞工具将脱挂器悬挂部分及测试仪器打捞出井。这类测试的起下仪器部分与钢丝作业存储测试一致。

（5）永置式实时监测：监测仪器连接专用信号线缆，固定在与油管相接的专用托筒上，通过修井作业安装于井内设计深度，线缆固定在油管外侧并从井口密封穿出，测试数据通过线缆传输到地面，再通过无线网络实时传送到办公终端，实现在办公室实时查看井下温度、压力等测试数据的目的。这类测试一经安装长期运行，线缆的井口密封穿越和地面数据采集传输仪表参照本章第二节井口设备、信息化设备管理。

一、二氧化碳驱油注采井动态监测设备介绍

1. 测试钢丝及钢丝绞车

测试钢丝又称录井钢丝、试井钢丝，是专用于油气井钢丝作业的高强度单股圆形钢线。一般为高强度碳钢材质，表面圆滑，直径均一，通常有直径 1.8~3.2mm 多个规格，能够承受几牛至十几千牛的拉力，长度根据测试井深从几千米至上万米不等。另外还有经过表面特殊处理和高强度合金材质的抗硫钢丝，具有较强的耐腐蚀性能。

钢丝绞车由滚筒、驱动机构和马丁代克组成，用于测试钢丝的收放，动力及滚筒容量满足测试井深度需求。

2. 测试电缆及电缆绞车

测试电缆又称测井电缆，是油气井电缆作业的专用承荷探测电缆（线缆）。一般为内芯+外铠结构，内芯为单股或多股导线（光纤）及包覆层，耐温分 80~232℃ 多种材料，外铠为双层多股钢丝捻成，材质同于测试钢丝，截面整体呈圆形，有直径 3.5~11.2mm 多个规格，承拉强度十几牛至数十千牛。测试电缆外铠钢丝间的缝隙不利于井内流体密封，一般采用高压注脂密封。

电缆绞车由防磁滚筒、滑环、驱动机构和马丁代克组成，滚筒尺寸越大，所需驱动力越大，马丁代克为电缆专用。

3. 钢管电缆及铜管电缆绞车

为解决测试电缆井口密封难题，近年来国内新兴了一种钢管外铠的测试电缆，称为钢管电缆。它是将普通测试电缆的内芯或者带单层钢丝外铠，用高强度条形钢带卷起、焊接、冷轧制成的新型测试电缆。钢管电缆表面圆滑、直径均一，外表与测试钢丝极为相似，易于井口密封，承拉强度与测试钢丝相仿，可以直接使用钢丝井口防喷装置作业，也可以使用电缆防喷装置施工。

钢管电缆绞车与普通测试电缆绞车基本一致。

4. 井口防喷装置

用于钢丝或电缆测试作业时密封井口的装置。一般包括液压盘根、注脂密封短接、防喷管、泄压短接、防喷器、液控管线、注脂管线等，附属设备有高压注脂泵、液压控制泵、空气压缩机等。井口防喷装置有 35MPa、70MPa 等压力级别。高压井测试作业有较多加重杆，需要更多更长的防喷管，必须机械吊装。

专用于中低压井钢丝或钢管电缆测试作业的井口防喷装置一般较为简化，其防喷管、盘根盒、泄压阀一体化，没有注脂密封及附属设备，采用液压举升，无须机械吊装。

二、二氧化碳驱油注采井动态监测运行过程管理

1. 动态监测基本要求

（1）人员要求

保证劳保用品穿戴齐全及证件齐全；熟悉设备操作及施工工序；了

解二氧化碳的基本特性和窒息风险，熟悉应急处置程序，确保安全施工；确保施工前接受安全教育和施工注意事项学习。

（2）现场要求

按照JSA程序要求进行现场安全分析；绞车放在上风口；绞车和井口、滑轮保持在一条直线上；施工现场应设置警戒区、警示标志和风向标；安装井口配套装置，将防喷管及测试仪器安装到井口。

（3）井控要求

测试人员进入现场后，要检查和确认测试过程中的工具是否符合安全要求；观察并确认现场安全环境，符合条件开始拉警戒线并设立警戒标志，按照标准化操作步骤执行施工，不符合条件的协调整改；测试设备停放避开闸门正前方，并停放在上风口方向；装好防喷管打开测试闸门后，所有人员撤离到安全区域；施工过程中，要密切关注井口、防喷管和电缆运行情况，如遇到不可控的情况，立即关闭防喷器，保证井口处于密封可控状态；从开始施工到结束，要落实专人专岗，观察井口及防喷装置变化，发现异常立即采取相应措施。

（4）个人防护要求

施工人员应穿戴劳保护具（工衣、工鞋、手套、安全帽、护目镜等）上岗；施工时非施工作业人员严禁进入高压作业区20m范围内；施工现场要配备医务急救药品及相关器材、人员。

2. 动态监测作业过程管理

（1）作业前准备

到达井场后，与现场作业方进行技术交底，确认被测井符合测井条件。按照JSA程序要求进行现场安全分析；根据井场地形停放测井车，宜停在上风口，距离井口10~30m为宜，如受井场限制达不到该距离，应做相应安全分析、调整离井距离，采取必要措施进行施工；绞车和井口、滑轮保持在一条直线上，前轮回正，后轮安装掩木；施工现场应设置警戒区、警示标志、电离辐射标志和风向标；检查外接（发电机）电源，确认电压、频率稳定，确认测井系统总电源开关关闭，方可送电，再依次开启各开关；检查马笼头和仪器各密封圈，如有损伤、变形应更换，连接时应涂抹硅脂；安装井口防喷装置，起吊天滑轮，垂直对准井口；井口防喷装置安装完毕，深度对零。

（2）作业过程

安装好防喷管后，其他人员撤离到安全区域，专人缓慢正确打开测试闸门，待井内液体开始流入防喷管，停止打开闸门，观察井口和防喷管情况，看有无渗漏等异常情况，如有渗漏立即关闭测试闸门，无异常情况则等防喷管压力稳定后，继续缓慢打开闸门，直至全部打开；下放电缆时，所有人员撤离井口，下放要缓慢平稳，并随时观察井口情况，确保井口处于密封可控状态。

下放仪器速度不超过 3000m/h。距离井下特殊工具（安全阀、注气封隔器等）、变径、喇叭口和尾管等异常点 50m 时，速度不大于 600m/h；根据设计要求，完成定点测量；根据防喷装置的工作状态实时调整打压泵或注脂泵密封压力；绞车员应始终保持下放电缆有一定拉力，在不同深度试悬重和上提拉力，记录张力数据；绞车员应平稳操作，注意观察张力变化；如遇张力突然增大，且接近最大安全拉力时，应及时下放，上下活动，待张力正常后方可继续上提；测量完毕，上起仪器，速度不大于 3000m/h，距离井下变径等异常点 50m 时，速度不大于 600m/h；工具串起至距井口 20m 时应关停绞车，人工将工具串拉至防喷管顶端，关闭测试闸门，关闭的转动圈数应与打开时一致，若关闭遇阻，不可强行关闭，应全面分析待问题解决后方可完全关闭。

（3）作业结束

测试闸门关闭后，将井口防喷装置泄压排空，压力完全归"0"后方可拆卸。拆卸分解时注意检查井口防喷装置各部位密封件状况。

擦拭并拆卸下井仪器，装入专用仪器箱；清理测井现场至测前状态，检查设备工具完好、无遗漏；检查仪器和防喷器内密封圈，及时更换失效的密封圈；通知作业方测井完成，并由对方签字确认。

（4）资料验收

原始资料应包含点测、连续文件；测量井段应符合施工设计要求；曲线质量应符合相应标准要求。

三、二氧化碳驱油注采井动态监测主要风险分析及管控措施

二氧化碳驱油注采井动态监测业务贯穿于 CCUS 项目油藏开发的全过程，在作业过程中，由于 CCUS 项目的特殊性，井下管柱工艺、井口

配套流程、井内流体性质更为复杂，给现场施工带来新的风险。

1. 仪器遇卡风险及管控措施

（1）风险分析：如果施工前对测试井的井下工具、井筒通径辨识分析不到位，存在仪器起下过程中遇阻、遇卡甚至落井的风险。

（2）管控措施：施工前认真了解井下管柱、井内工具情况和管柱内壁结垢结蜡情况，务必先通井后测试，确保仪器起下顺利。

2. 刺漏风险及管控措施

（1）风险分析：动态监测施工过程中，二氧化碳的高穿透性和可能的低温容易造成井口防喷装置的橡胶密封件性能变差，甚至失效，存在刺漏的风险。

（2）管控措施：升级防喷装置中的橡胶密封件，采用抗爆性能优异的密封圈和盘根并及时更换，高浓度二氧化碳井测试施工可在防喷装置中充填密封件保护液。

3. 腐蚀风险及管控措施

（1）风险分析：二氧化碳和水反应会生成碳酸，在井内一定压力温度下加剧腐蚀性，容易使测试绳缆表面出现点蚀，强度变弱性能变脆，存在外铠断丝甚至整体断脱的风险。

（2）管控措施：动态监测使用的绳缆严格定期检查、检测，及时更换问题绳缆；对于高含水井的长期测试应采用高性能不锈钢绳缆。

4. 冻伤风险及管控措施

（1）风险分析：液相二氧化碳温度一般约为-20℃，不经加温时注入管线或井口温度较低；井口防喷装置在泄压排空二氧化碳时，温度急剧下降至-50℃以下，直接接触易造成人员冻伤。

（2）管控措施：人员避免直接接触低温井口、注入管线，在操作井口防喷装置泄压排空时穿戴好低温防护服、鞋、帽、手套等劳保用品。

5. 窒息风险及管控措施

（1）风险分析：二氧化碳大量泄漏后，井场施工人员存在窒息伤害风险。

（2）管控措施：现场施工配备使用二氧化碳气体检测仪或氧浓度监测仪。

6. 冻堵风险及管控措施

（1）风险分析：井口防喷装置密封不严时，泄漏的二氧化碳吸热降温，易造成防喷盒冻堵，测后泄压排空时，放空阀易冻堵，造成井口防喷装置内憋压。

（2）管控措施：测试施工时务必保持井口防喷装置密封良好、不刺漏；测试后泄压排空时，严格按照操作规程进行放空阀操作，缓慢放空，防止冻堵；施工结束做好防喷装置的日常维护、保养。

四、二氧化碳驱油注采井动态监测应急处置

（1）发现确认：现场出现险情，车组员工在保证自身安全的前提下，进行查验，确认现场情况。

（2）报警报告：车组员工向班组值班干部汇报；班组值班干部向上级生产指挥中心汇报；上级生产指挥中心向项目部现场指挥汇报，并向专业救援机构、生产技术部门、地方乡镇政府相关部门汇报。

（3）岗位处置：班组值班干部组织岗位员工，按照现场应急处置方案开展停机断电、现场警戒、人员救治或消除故障等事故初期应急处置。

（4）应急响应：现场指挥分析研判现场情况，启动应急预案，组织基层抢险人员赶赴现场，进行现场处置，并做好现场应急资源调配工作。

（5）工艺调整：技术控制组分析研判现场实际情况，制定生产运行调整、工艺技术调整、现场抢险以及生产恢复方案。

（6）条件确认：气体检测组在保证自身安全的前提下，对抢险现场安全条件进行确认，并对现场可燃、有毒有害气体等情况进行检测确认，确定安全区域。

（7）现场处置：现场抢险组在保证自身安全的前提下，落实生产运行、工艺调整等技术方案，并开展设备抢修、灭火等现场处置。

（8）扩大应急：若事态扩大，现场指挥立即上报上一级生产技术部门，请求启动上一级应急响应。

（9）后期处置：现场抢险施工完成后，对设备、工艺流程进行检查，恢复生产；并组织对现场污染进行回收、转运、处置。

（10）应急终止：现场指挥根据污染处置、生产恢复等情况，决定是否终止响应。

二氧化碳驱油集中处理回注风险防控

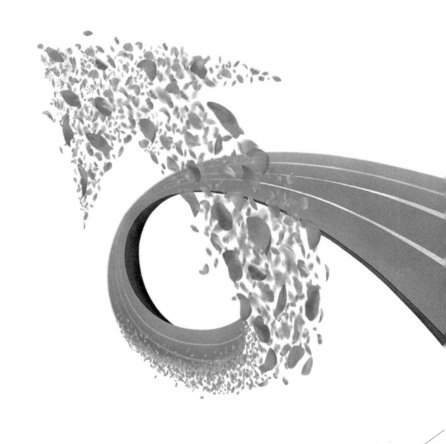

二氧化碳驱油采出液中二氧化碳含量高，遇水腐蚀较为严重。伴生气兼顾天然气与二氧化碳的双重危险特征，存在火灾、爆炸、中毒和窒息风险。因此，二氧化碳驱油采出液处理问题尤为重要。结合国内CCUS实际，本章主要讲述采出液集中处理与伴生气回注的风险防控。

第一节　采出液集中处理风险防控

针对二氧化碳驱油采出液中二氧化碳含量高的问题，本节结合现场已开展的系统性研究工作，介绍了适用于二氧化碳驱油采出液三相分离、脱碳等集中处理方式。

一、采出液集中处理工艺流程与技术

1. 整体流程

CCUS集中处理站主要负责采出液的进站加热、油气水分离、原油脱水、合格原油外输、采出水处理及外输任务，同时负责伴生气的收集、增压、脱水外输任务。合格伴生气初期含二氧化碳浓度低于4%时，气体可用于外销，后期二氧化碳浓度增大时，输至注入站增压回注。

由于采出液中二氧化碳含量高，油水相腐蚀较为严重，因此针对这一特性在工艺上也进行了特殊的设计。在油气水进行一级三相分离后，进入微正压密闭脱碳器，可以有效去除油水中的二氧化碳，在采出水处理工艺中，加入多重聚结装置和气提塔，利用制氮橇生成氮气，通过氮气对分离出的采出水进行气提，将水中的二氧化碳降低至50mg/L。采出水处理工艺全部采用橇装化装置进行处理，保证处理后水质达到回注要求Ⅰ级指标。针对含二氧化碳采出水腐蚀性强的特点，防腐蚀控制方面采用投加缓蚀剂的方式。过滤器采用三级过滤(核桃壳、金刚砂、金属膜)，最终达到采出水水质达到Ⅰ级指标，采出水处理后外输，同时可用于注入井气水交替期间用水(图5-1)。

2. 原油处理工艺流程

二氧化碳驱油区块来液进入集中处理站，加破乳剂后进加热炉加热至60℃，然后进段塞流捕集兼三相分离器，分气后的低含水原油进微正压密闭脱碳器沉降160min，净化原油(含水<1%)经外输泵增压后外输。

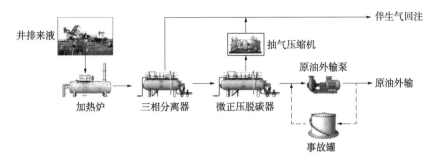

图 5-1 CCUS 处理站工艺流程示意图

正常原油生产流程：进站阀组→水套加热炉→段塞流捕集兼三相分离器→微正压密闭脱碳器→原油外输增压计量橇→外输管线

根据实际生产情况，进站含水较高、加热负荷较大时，可调整为以下生产流程：进站阀组→段塞流捕集兼三相分离器→水套加热炉→微正压密闭脱碳器→原油外输增压计量橇→外输管线

3. 采出水处理工艺流程

流程为：

段塞流捕集兼三相分离器→微正压密闭脱碳器→采出水提升泵→水处理系统

分离器出水→多重聚结装置→气提装置→过滤装置→缓冲罐橇→外输泵→注水站

微正压密闭脱碳器分出水（水中含油≤500mg/L，SS≤100mg/L）经污水泵提升后，与段塞流捕集兼三相分离器分离出的采出水，共同进入水处理系统（图5-2）。

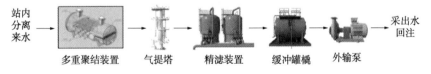

图 5-2 采出水处理系统工艺流程示意图

4. 伴生气处理工艺流程

微正压密闭脱碳器分离出的伴生气经压缩机抽出，与段塞流捕集兼三相分离器分出的伴生气汇集到一起，经过除重烃制冷机组、两相分离器、冷气聚结过滤器后，进入伴生气压缩机机组增压后，在硅胶脱水橇脱水后，输送至回注站进行回注。

流程为：

站外来伴生气→段塞流捕集兼三相分离器→微正压密闭脱碳器→抽气压缩机→两相分离器→增压压缩机→硅胶脱水→外输。

5. 其他工艺流程

（1）仪表风系统

处理站内仪表风系统为自控阀门提供气源，装置开停工时为设备、管线提供扫线风。仪表风系统包括空气压缩机、干燥橇和仪表风储罐。空气经空气压缩机增压、冷却分离后进入无热再生干燥橇干燥，干燥后的空气进仪表风储罐，仪表风储罐中的压缩空气被分配至各气动仪表作仪表风。

（2）氮气系统

氮气系统为站内吹扫、气提、密封使用。采出水气提塔通过氮气对分离出的采出水进行气提，将水中的二氧化碳降低至 50mg/L。

（3）加热炉燃料气源

初期，站内分离伴生气能够燃烧时，加热炉升温用气采用站内分离脱水后的伴生气。后期，二氧化碳浓度升高时，外输回注。

二、采出液集中处理主要设备设施

采出液集中处理按原油处理区、采出水处理区、伴生气处理区，其主要设备包括加热炉、段塞流捕集兼三相分离器、微正压密闭脱碳器、外输泵、事故油罐、多重聚结装置、采出水气提塔、采出水过滤装置、制冷机组、抽气压缩机、硅胶脱水橇等。

1. 加热炉

集中处理站内加热炉主要用于进站油气水三相混合液加热，出口温度 60℃，根据实际热负荷情况，选择不同规格的水套加热炉。

2. 段塞流捕集兼三相分离器

集中处理站内段塞流捕集兼三相分离器主要用于分离油气水三相混合液中的伴生气、游离水。处理站选用 2 台段塞流捕集兼三相分离器，均能够满足分气要求，且液体停留时间均大于 60min，满足液体停留时间的要求。

3. 微正压密闭脱碳器

集中处理站内的微正压密闭脱碳器主要用于油水分离及降压闪蒸气的分离。停留时间按 160min 考虑，分离后的原油含水小于 1% 外输。台数不应少于 2 台，此外，根据现场实际，当 1 台脱水设备检修，其余脱水设备负荷不大于设计处理能力的 120% 时，可不另设备用器，若大于120% 时，需另设 1 台备用。

4. 外输泵

由于原油黏度低，选用离心泵能获得较高的运行效率，同时离心泵具有结构简单、运行可靠、便于维护等诸多优点，因此外输泵建议选用离心泵。根据集中处理站预测指标及水力、热力计算结果，确定离心泵的参数与数量。

5. 事故油罐

事故油罐作为应急缓冲用，储存时间为 4~24h。根据预测指标计算事故油罐的容积与数量。

6. 抽气压缩机

根据分离器最大分气量，选择压缩机参数与数量。

三、采出液集中处理运行过程管理

1. 水套加热炉运行过程管理

（1）启运前检查

正确穿戴劳保用品，并进行危害辨识和风险分析，落实必要的风险削减措施；检测水套加热炉生产区域硫化氢含量低于 $15mg/m^3$，并随身携带便携式硫化氢检测仪；现场人员和监控室通信畅通；检查压力变送器、温度变送器、液位计、流量计、可燃和硫化氢报警仪现场仪表及远程监控设施完好，燃烧器完好，组态数据传输正常；炉体、保温层、安全阀、压力表、温度计、液位计齐全完好，在检定有效期内，检查人孔应严密，附属设备正常；倒通燃料流程，检查火嘴无结焦、无堵塞，点火电极间距合适，燃烧器良好，风门、烟道挡板灵活好用；观火孔保持完好，烟道畅通，防爆门完好；液位计完好，玻璃管清洁，有最高、最低安全水位的标识和报警系统，水套内水位应保持在 1/2~2/3 处；上水阀灵活好用，上水管线畅通；检查配电系统及附属线路完好后，戴绝缘手套合闸送电；烟囱绷绳和接地线良好；点炉前与相关岗位进行联系；启动鼓风机强制通风5~10min，负压水套炉应自然通风15min以上，排净炉膛内残余的可燃气体；顺序打开被加热介质出口阀门、进口阀门，确认流程畅通后，关闭旁通阀门，倒通工艺流程后循环10min，置换盘管内介质。

（2）启运

通风结束后，按点火开关点火，燃烧稳定后，调节风门和烟道挡板开度，保持火焰处于最佳燃烧状态；小火烘炉4~5h后，方可调节火焰升高炉温，按升温曲线要求进行升温；调节火焰使水套升温、升压至规定值。正常运行中，水位应在水套液位的2/3处。

（3）运行中检查

检查各部位无漏气、漏油、漏风等现象，火焰稳定、均匀，烟囱无冒黑烟现象，燃烧器运行正常；根据生产参数控制燃料用量，保证被加热介质出口温度满足工艺要求，水套内水位保持在2/3处，液位低于1/3时必须补水；运行中水套压力示值应在规定范围内；定期巡检并做好参数的录取；水套加热炉的并联运行；并联运行的加热炉出口温度偏差不得超过2℃；调节进出口阀门的开度，保持各台水套炉被加热介质平均分配。

（4）停运

正常停炉时，通知相关岗位做好流程切换前的准备工作；提前4~5h关小燃料阀门，同时调节燃烧器风门及烟道挡板、控制燃料供给量逐渐降低炉膛温度；炉温降至150℃左右，停运鼓风机、燃油泵、燃烧器，迅速关闭烟道挡板、风门，使炉膛温度缓慢下降，当温度降至100℃以下时，方可打开烟道挡板，可根据需要开启风门，加速炉内通风冷却；停运被加热介质为原油的水套炉，待原油温度降至50℃以下，进口温度、出口温度基本平衡后，倒旁通流程，确认流程畅通后关闭进口阀门；临时停炉，被加热介质进出口阀门处于开启状态，保持被加热介质的流动，以防管内介质凝固，长时间停运的水套炉应对盘管扫线后关闭进出口阀门；冬季长时间停炉，放净水套内的水，并对加热盘管扫线，做好防冻、防凝工作；做好停运记录。

（5）紧急停炉

如果在正常运行时，出现下列情况之一，应紧急停炉：工作压力、介质温度超过额定值，采取措施仍不能使之下降；液位低于规定的运行低限液位，采取措施仍不能使之下降；安全附件失效，难以保证安全运行；出现燃烧设备损坏，衬里烧塌严重威胁安全运行的情况；发生火灾，并直接威胁到加热炉的安全运行；受压元件发生裂缝、鼓包、变形、渗漏等危及安全运行的缺陷。

（6）注意事项

新建或检修过的加热炉，必须经过有关部门进行严密性和强度试压，合格后方可使用；禁止身体正对燃烧器进行操作；增加负荷时，应先调风门开度，后调节燃料供给量；降低负荷时，应先调节燃料供给量，后调风门开度；停炉后被加热介质应继续通过加热炉，严禁立即关闭进出口阀门，以防憋压。

2. 段塞流捕集兼三相分离器运行过程管理

（1）启运前检查

正确穿戴劳保用品，并进行危害辨识和风险分析，落实必要的风险削减措施；检查压力变送器、温度变送器、油气水计量仪表、液位显示仪表(油腔液位计、水腔液位计、混合腔油水界面仪)、油气水自动调节阀现场设施齐全完好，组态数据传输正常；检查就地显示液位计完好，检查压力表、安全阀定压符合生产要求，并在有效检定周期内，检查分离器接地良好，可燃和硫化氢报警仪系统完好；检查扶梯、操作平台等牢固安全；新投运或检修后的三相分离器，必须经严密性试压合格，各阀门、法兰、管线、焊口无渗漏，检查各阀门灵活好用并处于关闭状态；检测水套加热炉生产区域硫化氢含量低于 $15mg/m^3$，并随身携带便携式硫化氢检测仪；现场人员和监控室通信畅通。

（2）启运

确认与分离器连接的外部流程已倒通，远程缓慢打开进油调节阀，倾听进油声音；进油正常，确认压力达到生产要求后，远程打开天然气出口自动调节阀(自力式调节阀需要手工设定阀前压力)，控制分离器的工作压力和液位；当分离器油室液位处于中部位置时，远程缓慢打开油相出口调节阀；观察水腔液位上升情况，水位上升到规定高度后，打开水相出口调节阀门出水，手动调节堰管(板)，监控组态界面仪表数据，控制好油水界面高度；填写投运记录。

（3）运行中检查

控制室实时监测压力、温度、液位、油水界面、流量等参数，油气水自控调节阀状态、开度，根据生产情况进行现场巡检，检查组态参数报表是否准确；控制室检查油腔液面联锁出口调节阀控制，气路压力联锁调节阀控制运行情况；根据实际生产运行情况合理设置各参数阈值范围，及时处置报警；分离器的运行压力一般控制在 0.30~0.45MPa，温度应控制在规定范围内（高于原油凝固点 5℃）；油水腔液位应控制在 1/2~2/3 处；检查各种仪表数据显示、量值是否正常，各种调节阀是否好用；利用质量流量计和水中含油分析仪（如果安装）对原油含水和水中含油两项指标实时在线监控，当来液发生变化引起含油、含水指标出现异常时，可先通过远程调整药剂加量及油相和水相出口调节阀开度调整油水腔液面，气相运行压力恢复参数正常，如果不能恢复正常，再现场检查原因，可调节堰管（板）高度控制混合腔油水界面；根据分离器实际运行情况，确定每台分离器的排砂周期及排砂时间。

（4）停运

将预停运分离器来液倒入其他分离器或倒入旁通；缓慢关闭进液阀，中心监控室远程关小油水自动调节阀，保持分离器压力；用天然气依次将分离器内原油、采出水压空，然后远程关闭油气水自动控制阀及其他手动阀；检查确认所有阀门处于关闭状态；填写停运记录。

（5）切换操作阀门

切换操作阀门开关时要遵循先开后关、远程开关阀门前后要有现场确认，手动操作阀门要侧身缓慢操作，防止憋压伤人；按照分离器投运操作规程投运预投分离器；检查预投分离器各项参数运行正常后，按照分离器的停运操作规程停运预停分离器。

（6）安全注意事项

分离器运行时应及时调节压力，防止分离器憋压或跑油；冬季生产要特别注意来液温度传感器、液位计、压力变送器、安全阀的运行工况及参数。

3. 微正压密闭脱碳分离器运行过程管理

（1）启运前检查

正确穿戴劳保用品，并进行危害辨识和风险分析，落实必要的风险削减措施；检查压力变送器、温度变送器、油气水计量仪表、液位显示仪表(油腔液位计、水腔液位计、混合腔油水界面仪)、油气水自动调节阀现场设施齐全完好，组态数据传输正常；检查就地显示液位计完好；检查压力表、安全阀定压符合生产要求，并在有效检定周期内；检查分离器接地良好；可燃和硫化氢报警仪系统完好；检查扶梯、操作平台等牢固安全；新投运或检修后的三相分离器，必须经严密性试压合格，各阀门、法兰、管线、焊口无渗漏；检查各阀门灵活好用并处于关闭状态。

(2) 启运

确认与分离器连接的外部流程已倒通，远程缓慢打开进油调节阀，倾听进油声音；进油正常，确认压力达到生产要求后，远程打开天然气出口自动调节阀(自力式调节阀需要手工设定阀前压力)，控制分离器的工作压力和液位；当分离器油室液位处于中部位置时，远程缓慢打开油相出口调节阀；观察水腔液位上升情况，水位上升到规定高度后，打开水相出口调节阀门出水，手动调节堰管(板)，监控组态界面仪表数据，控制好油水界面高度；填写投运记录。

(3) 运行中检查

控制室实时监测压力、温度、液位、油水界面、流量等参数，油气水自控调节阀状态、开度，根据生产情况进行现场巡检，检查组态参数报表是否准确；控制室检查油腔液面联锁出口调节阀控制，气路压力联锁调节阀控制运行情况，根据实际生产运行情况合理设置各参数阈值范围，及时处置报警；分离器的运行压力一般控制在 $0.30 \sim 0.45\mathrm{MPa}$，温度应控制在规定范围内(高于原油凝固点 $5℃$)；油水腔液位应控制在 $1/2 \sim 2/3$ 处；检查各种仪表数据显示、量值是否正常，各种调节阀是否好用；利用质量流量计和水中含油分析仪(如果安装)对原油含水和水中含油两项指标实时在线监控，当来液发生变化引起含油、含水指标出现异常时，可先通过远程调整药剂加量及油相和水相出口调节阀开度调整油水腔液面，气相运行压力恢复参数正常，如果不能恢复正常，再现场检查原因，可调节堰管(板)高度控制混合腔油水界面；根据分离器实际运行情况，确定每台分离器的排砂周期及排砂时间。

(4) 停运

将预停运分离器来液倒入其他分离器或倒入旁通；缓慢关闭进液

阀，中心监控室远程关小油水自动调节阀，保持分离器压力；用天然气依次将分离器内原油、采出水压空，然后远程关闭油气水自动控制阀及其他手动阀；检查确认所有阀门处于关闭状态；填写停运记录。

（5）切换操作

切换操作阀门开关时要遵循先开后关、远程开关阀门前后要有现场确认，手动操作阀门要侧身缓慢操作，防止憋压伤人；按照分离器投运操作规程投运预投分离器；检查预投分离器各项参数运行正常后，按照分离器的停运操作规程停运预停分离器。

（6）注意事项

分离器运行时应及时调节压力，防止分离器憋压或跑油；冬季生产要特别注意来液温度传感器、液位计、压力变送器、安全阀的运行工况及参数。

4. 事故罐运行过程管理

（1）启运前检查

检查大罐液位计、多界位测量仪或油水界面仪现场设施完好，极低液位联锁停泵控制完好，组态数据传输准确；检查事故罐所有手动控制阀门、自动控制开关阀灵活好用并处于关闭状态、应急自动切断阀处于常开状态；检查呼吸阀灵活好用，液压安全阀中的封液无变质，高度保持在标尺规定的范围内，液压阀内无积水，阻火器完好无损坏；检查事故罐内外部件完好，部件螺丝紧固，内部清洁无杂物，消防设施、盘梯、护栏完整、无锈；投运前检查上下游相关节点生产参数是否正常，做好投运前的准备。

（2）启运

缓慢开启事故罐进口阀门，在进出油管未浸没前，进油管流速≤1m/s，以防止静电荷积聚。表层凝固时，应采取必要加热措施，待原油大部分融化后，方可进行进、输作业；事故罐进出油作业时，释放静电随时上罐检查机械呼吸阀和液压安全阀运行状态；在整个进油过程中，随时检查与事故罐连接的所有阀门、法兰、人孔、清扫孔无渗漏，基础无异常情况；事故罐在进出油的过程中，控制室应密切观测液位的变化，液位的升降速度≤0.6m/h，新建或修理后首次进油时，液位升降速度≤0.3m/h，并保持在安全液位范围内运行。

（3）运行中检查

控制室实时监控液位及流量变化防止抽空；设置各参数于合理阈值范围，及时处置高低液位报警；控制室要实时监测拱顶罐液面波动情况，当出现非正常波动时，通过站控系统观察各节点参数是否正常，通过视频观察现场是否有泄漏情况，如果发现问题，先在控制室远程做出紧急处理；在启动输油泵前，打开事故罐出油闸门，输油过程中自动或手动调频，控制好输量；检查组态参数报表是否准确；填写运行记录。

（4）注意事项

保持罐顶清洁无杂物；雷雨天原则上避免减少浮顶罐作业，非正常天气作业要加强监护；冬季定期检查清除呼吸阀阀瓣上的水珠、霜和冰，防止出现阀门卡住、冻结、安全网结冰等情况，定期放净安全阀封油液中的积水；登罐作业前，必须进行人体静电释放，一次上罐禁止超过五人，雷雨天、五级以上大风天禁止上罐操作。

5. 采出水过滤装置运行过程管理

（1）启运前检查

检查过滤罐采出水进出口、反洗水进出口、放空、排油自动控制开关阀现场完好，投产前各阀门处于关闭状态，控制系统完好，组态开关状态正确；检查压力变送器（或差压变送器）、反冲洗流量计、PLC 控制柜齐全完好，组态数据传输正常；过滤罐、空压机、搅拌机、反洗泵电路及控制系统完好、接地良好；检查滤罐本体及连接管线、法兰、手动加药阀、吸气阀、安全阀等无渗漏且在有效检定周期，上下游流程畅通；检查气动，加药、反洗、搅拌系统完好；投运前中心监控室检查上下游相关节点生产参数是否正常，做好投运前的准备。

（2）启运

远程开启过滤罐进口阀，并打开过滤罐顶部手动吸气阀和自动排油阀，过滤罐即将充满时，关闭排气阀；当过滤罐排油管路出现流水声时，远程关闭排油阀，打开过滤罐出口阀门；确认流程正常后，缓慢关闭超越阀门，并随时注意进、出口压力变化，过滤罐进入正常运行状态；如果过滤系统第一次使用或长时间停用要对滤料进行 16h 浸泡再使用。

（3）运行中检查

控制室实时监控进出口压力（差压）参数，过滤罐进出口、反冲洗进出口、放空阀及罐顶收油阀开关状态是否正常；控制室设置各参数于合理阈值范围，及时处置报警；过滤罐正常运行过程中，现场定时检查各法兰、盲板、阀门等连接部位无渗漏；监控过滤罐运行期间定期自动排油情况（一般每两个小时排油 3min）；检查组态参数报表数据是否准确；当压力滤管出现异常时，通过组态系统观察各节点参数是否正常，通过视频观察现场是否有泄漏情况，如果发现问题，先在站控室做出紧急停机处理，再去现场处理；定时对过滤罐进水和出水水质进行检测，并记录数据。

根据生产指标要求，依据过滤时长、进出口压差、过滤水量（如果有进口水量计量）制定反冲洗周期；反冲洗前将反冲洗回收水罐液位降至最低；过滤罐出水水质合格后，打开反冲洗水罐的进口阀门进满水；打开反冲洗水罐出水阀门及反冲洗回收水罐进口阀门，启动反洗程序，自动关闭需反冲洗过滤罐的进出口阀门，打开需反冲洗过滤罐反冲洗流程的进出口阀门，启动反冲洗泵，过滤罐进入反冲洗状态；如果需要搅拌，需在反冲洗泵启运 2~3min 后，启运搅拌机；如需加药，需在启运搅拌机后，打开加药阀启动加药泵进行加药；根据过滤罐出水水质达标经验，确定合理反冲洗时间；反冲洗结束后，自动关闭反冲洗进出口阀门，倒通正常生产流程，反冲洗程序执行结束；将回收水罐内采出水回收至处理系统。

（4）停运

做好停运过滤罐相关节点的准备工作；缓慢开启过滤罐超越流程，并确认流程正常；关闭过滤罐进出口阀门；滤罐更换滤料或施工维修需停产时，应按照反冲洗操作反冲洗过滤罐 1~2 次，并将罐内油污排净；冬季或长期停运时，排空罐内采出水。

（5）注意事项

严禁过滤罐超压运行，进出口压差超出规定范围，立即查找原因并排除；严格控制过滤罐进口水质指标在规定范围内；反冲洗后，过滤罐出口水质达不到生产要求时，应分析原因后强制继续反冲洗。

6. 天然气分水器及配气阀组橇运行过程管理

（1）启运前检查

进气前应认真检查，确保压力变送器、流量计、流量控制阀现场设备及远程监控设施齐全完好，组态数据传输正常；投运前站控室检查上游供气流程及下游用气设备等相关节点生产参数是否正常，做好投运前的准备。

（2）启运

先对系统进行充压，待压力稳定后，缓慢打开出口阀门；所有阀门开关时切勿猛开猛关，如为双阀时先开关内阀再开关外阀；开关阀门，和中心控制室通信实时注意压力变化，按压力上升快慢决定阀门开大或关小。

（3）运行中检查

保证现场可燃、硫化氢报警仪可靠，异常时报警正常，每天进行一次常规检漏，发现有泄漏现象立即处理，并报告负责人，同时做好记录；控制室实时监控压力、流量参数；设置各参数于合理阈值范围，及时处置报警，检查组态参数报表数据是否准确；观察表阀及管接口处有无泄漏，如有异常，应立即报告并采取相应的安全措施进行整改；排液时，远程开启排污调节阀必须逐渐缓慢，不宜开得过快过大；排液完毕后（排液管出现气体或液位达到要求或设定排液时间达到后），远程关闭排液阀，观察压力变送器压力缓慢充气升压至正常工作压力。

（4）注意事项

使用期间注意防止管路憋压，导致下游加热炉爆燃或停炉，严禁超压运行；定期做好排液回收工作。

7. 天然气分离器运行过程管理

（1）启运前检查

检查压力变送器、温度变送器、油气水计量仪表、液位显示仪表（油腔液位计、水腔液位计、混合腔油水界面仪）、油气水自动调节阀现场设施齐全完好，组态数据传输正常；检查就地显示液位计完好，检查压力表、安全阀定压符合生产要求，并在有效检定周期内；检查分离器接地良好，可燃和硫化氢报警仪系统完好；检查扶梯、操作平台等牢固安全；新投运或检修后的天然气分离器，必须经严密性试压合格，各阀门、法兰、管线、焊口无渗漏，检查各阀门灵活好用并处于关闭状态。

（2）启运

确认与分离器连接的外部流程已倒通，远程缓慢打开进气阀，倾听进气声音；进气正常，确认压力达到生产要求后，打开天然气出口阀，控制分离器的工作压力和液位；当分离器液相液位处于中部位置时，远程缓慢打开液相出口调节阀，监控组态界面仪表数据，控制好油水界面高度；填写投运记录。

（3）运行中检查

控制室实时监测压力、温度、液位、流量等参数，根据生产情况进行现场巡检，检查组态参数报表是否准确；控制室检查液面联锁出口调节阀控制运行情况，根据实际生产运行情况合理设置各参数阈值范围，及时处置报警；分离器的运行压力一般控制在 0.3~0.5MPa。检查各种仪表数据显示、量值是否正常，各种调节阀是否好用。

（4）注意事项

分离器运行时应及时调节压力，防止分离器憋压；要特别注意来气压力传感器、液位计、安全阀的运行工况及参数。

8. 原油外输泵运行过程管理

（1）启运前检查

正确穿戴劳保用品，并进行危害辨识和风险分析，落实必要的风险削减措施；通知相关岗位，检查微正压密闭脱碳器的油腔液位，倒好流程，确认排出管线畅通；泵机组周围应保持清洁，无妨碍运转的杂物；检查电路、电压及各部接地符合要求；检查各部螺丝紧固；润滑油质符合要求，加注量至油室观察窗 1/2~2/3 处，润滑脂注入润滑室容积的80%；机泵同心度符合要求，联轴器螺丝无松动，端面间隙合适；按泵的旋转方向盘泵 3~5 圈，转动灵活无卡阻，确认电机转向与泵的旋转方向一致；检查仪器仪表在有效检定周期内；开启离心泵进口阀门，排净泵内气体；确认泵机组周围无妨碍运转的杂物；戴绝缘手套合闸送电。

（2）启运

按启动按钮，泵运行正常后，缓慢开启出口阀门，根据生产需要调节泵压与流量；检查泵运转声音无异常，振幅在合理范围内，密封部位漏失量符合要求，润滑冷却系统运行正常，各仪表指示正常。

（3）运行中检查

运行中检查记录泵压、干压、电流、电压、流量等各种参数；检查泵轴承温度，油室油位应在观察窗 1/3～1/2 处；检查泵密封部位渗漏量在规定范围内，其他密封部位无渗漏；检查冷却水温度≤35℃；认真填写机组运行记录，数据完整、准确、真实。

（4）停运

关小待停泵出口阀门，电流接近空载值时，按停止按钮，关闭出口阀门，戴绝缘手套拉闸断电；泵冷却后，关闭冷却循环水；冬季停运或长期停用时，放净泵内余液，并做好冬季防冻保温工作。

如果出现下列情况之一，必须紧急停运：

① 由于设备运行不正常并危及生产和人身安全；

② 机泵某一零件发生突然断裂或泵进出口工艺管线破裂；

③ 泵温度、压力突然超过额定值；

④ 机体发生剧烈振动、出现非正常声音或运行设备起火；

⑤ 电机电流突然升高，超过额定值 10% 或电机冒烟有焦味。

（5）倒泵

按照启动前的准备工作检查备用泵；关小待停泵的出口阀门，控制排量；按启动操作步骤启动备用泵；按照停运操作规程停运预停泵，关闭出口阀门；根据生产要求调整启运泵的参数；倒泵操作必须做到平稳、缓慢，泵压、干压不允许出现大幅波动。

（6）注意事项

发现异常情况及时上报；注意工作环境噪声的监测及防护；定期对电机绝缘情况进行检测；夏季注意通风、防潮，防止设备工作温度过高；使用变频器的情况下，禁止在出口节流；严禁泵反向运行。

9. 加药泵运行过程管理

（1）启运前检查

正确穿戴劳保用品，并进行危害辨识和风险分析，落实必要的风险削减措施；通知相关岗位，倒好流程，确认排出管线畅通；检查电路、电压及各部接地符合要求；检查各部螺丝紧固，进口过滤器畅通；检查仪器、仪表、安全阀在有效检定周期内；润滑油质符合要求，加注量至油室观察窗的 1/2～2/3 处。

（2）启运

将计量泵的冲程调至"0"位；开启进口阀灌泵，排净气体后打开出口阀；戴绝缘手套合闸送电，启动计量泵。

（3）运行中检查

根据生产工艺要求缓慢调节排量；检查泵的振动、压力、温度正常，运转无杂音；检查调整盘根漏失量在合理范围内，连接部位无渗漏；检查曲轴箱、隔膜室润滑油位在观察窗的 1/3～1/2 处；做好设备运转记录。

（4）停运

戴绝缘手套按停止按钮，拉闸断电，关闭计量泵进口、出口阀；冬季停运，须放净泵内介质；长期停运，应拆洗零件，并做防腐处理。

（5）注意事项

操作前必须佩戴齐全防毒防护用具；当泵介质泄漏时，要立即用大量水冲洗地面，并保持通风良好，防止发生中毒事故；泵运转时禁止接触旋转或往复部件；当保护设施动作而未查明原因时，不得重新启动该泵；在运转中禁止关闭排出阀。

10. 抽气压缩机运行过程管理

（1）启运前检查

确认设备附近无易燃易爆物质；外观无磕碰、损伤、缺件等现象，若有油漆脱落现象，则及时修补，各容器、管道没有未封堵的直接连通大气的接口；系统已进行压力试验，所有法兰、螺栓、丝座等连接处确认紧固，各连接处无明显损伤；没有裸露的未进行连接的电线电缆，各电气元件接线完好，接地符合标准；控制柜、控制台已清除尘埃，控制室通风良好，设备具备送电条件；阀门启闭状态正常（尤其注意阀组、系统进出口阀、油泵出口阀、回油阀）；确认各检修件、易损件均在检修周期内；充油型仪表（如压力表、温度表）没有漏油的情况，压力压差变送器液晶显示正常，安全阀检验未过期；循环冷却水的水质和水量满足要求；检查油气分离器中润滑油的容量，油气分离器的油位应位于上下视镜之间；轴封辅助系统的供油压力为 7.5～12barg（0.75～1.2MPag），轴封辅助系统的供油温度为 10~75℃，主机油分内的润滑油温度不低于 10℃（25℃更佳）；确认进行了置换操作；每次启动前，应对压缩机盘动 5~10 圈，且无明显卡顿；确认所有电动机转向正确；开机之前将机组内压力手动排空。

（2）启运

① 手动开机程序

模式选择中采用"调试模式""油泵选择"选择合适油泵，"投入/退出切换"选择投入；点击"开轴封泵"启动轴封辅助系统，确保供油压力温度正常，轴封油泵正常运转；点击"开油泵"启动压缩机油泵，通过油泵上的油压调节旋钮来调整油压（供油压力-排气压力=供油压差≥0.3MPa），将压缩机卸载到零载位（油压调节阀调好后一般不需要再调整，因为油滤脏堵引起的油压差低需要及时更换油滤，严禁通过调节油压调节阀强制调高油压。压缩机正常运转时点击油泵切换按钮可以切换油泵，在油压差降到0.2MPa以下时机组会自动切换到备用泵）；点击"开主机"启动压缩机；在保证压缩机接线正确后，使压缩机流量调节指示器在"0%"的位置压缩机运转10min，并随时观察运行状况，如有异常，立即停机，查明原因并排除故障后，再按上述操作重新开机；压缩机运转正常后，按增载按钮，按10%的级差间隔3min逐级加载至100%或用户需要的载位，增载过程中应注意若油压差降低，则需调整油压到高于排气压力0.3MPa；参数控制：调整供油压力高于排气压力0.3MPa为宜，若油压较低，顺时针旋转油压调节阀调节杆，升高油压，反之则降低油压，油冷却器冷却后的油温应<80℃，压缩机的排气温度应<110℃，建议控制在90~105℃。

② 自动开机操作

模式选择中投入自动模式；点击"本地开机"设备启动，压缩机根据吸气压力自动进行增减载动作（注：建议开机操作时选用"调试状态"，按照手动开机说明手动开启压缩机，待压缩机调整负荷，运转平稳后再切换到"本地自动"模式）；确认各项运行参数是否在设定的运行参数范围内，超出运行范围需查明原因并修复；参数控制：调整供油压力高于排气压力0.3MPa为宜，若油压较低，顺时针旋转油压调节阀调节杆，升高油压，反之则降低油压（油压调节阀调好后一般不需要再调整，因为油滤脏堵引起的油压差低需要及时更换油滤，严禁通过调节油压调节阀强制调高油压。压缩机正常运转时点击油泵切换按钮可以切换油泵，在油压差降到0.2MPa以下时机组会自动切换到备用泵），油冷却器冷却后的油温应<80℃，压缩机的排气温度应<110℃，建议控制在90~105℃。

（3）运行中检查

每隔一小时巡视记录一次，若负荷变化较大，适当缩短巡视记录时间；巡视时，应注意观察油分离器的视油镜，油位降低时，要及时补充润滑油；观察轴封辅助系统的供油压力，若压力较低，应及时补充润滑油或充注氮气，同时检查压缩机轴封是否有明显漏油现象；注意压缩机和电动机运行的声音，测量各部位的温度，发现异常时应及时解决；观察吸气过滤器、油分离器、精油分离器、过滤器的前后压力差；注意设备的运行情况，若出现异常振动，应及时停机检查。

（4）停运

① 手动停机程序

压缩机减载至零载位；停压缩机，延时约 15s 停油泵；油泵停止后，关闭轴封辅助系统；关闭吸排气阀；手动排空机组内气体。

② 自动停机程序

停机——关闭吸排气阀——切断电源——手动排空机组内气体。

③ 故障停机

设备装有安全保护装置，当保护装置动作时，主机停机，同时声光报警，显示故障，消除故障后，才能再次启动；当操作现场出现严重安全隐患时，必须紧急停机；系统紧急停机后，应关闭吸排气阀，并切断电源；查明故障原因并排除。

（5）润滑油的管理

润滑油的充注：通过油分离器上安装的集油器进行润滑油的充注。首先打开集油器上与油分离器相连的 2 处切断阀，拆开集油器上的法兰，从顶部法兰口向系统充注润滑油至上视镜中心即可。

润滑油的补充：通过油分离器上安装的集油器进行润滑油的补充。首先确保油分离器集油器所有阀门关闭，开启筒体上的放空阀放至大气压后，打开集油器顶部盲法兰，关闭放空阀，从法兰处充注润滑油。当润滑油加满整个集油器时，安装上盲法兰，打开顶部和底部切断阀，约 10min 后关闭切断阀。重复以上步骤即可多次进行润滑油的补充。

润滑油的放净：整个机组的润滑油可从油分离器排放口、油过滤器排放口将系统油路中的润滑油放净。润滑油在热态时（60℃左右）容易放出。润滑油放净时建议先进行氮气置换，适当加压会加快放油速度，但应注意安全。

11. 原油化学药剂投加运行过程管理

（1）投加前检查

正确穿戴劳保用品，作业前认真进行危害辨识和风险分析，落实必要的风险削减措施，严格执行操作规程；倒通加药系统、供水系统并确认流程畅通，水源充足；检查管道、阀门连接处紧固、无渗漏；检查药剂罐液位计上、下流畅通，上、下流阀灵活好用，液位计刻度清晰；检查计量泵完好，润滑油质符合要求，加注量至油室观察窗 1/2~2/3 处，润滑脂注入润滑室容积的 80%；检查排气通风设备运转正常，加药间通风良好；检查仪表在有效检定周期内；检查电路、电压及各部接地符合要求，戴绝缘手套合闸送电。

（2）投加

药剂浓度及投加方法要严格按照本单位的投加方案执行；开启药剂罐进口阀门，将药剂加入药剂罐内；按计量泵操作规程启动计量泵，根据加药比调节排量。

（3）运行中检查

定时进行巡回检查，记录流量、压力、电流、电压等生产参数；检查药剂罐液位、药剂泵漏失量、机泵温度及流程的渗漏情况；填写药剂投加记录。

（4）停运

按停泵的操作规程进行停运药剂泵，戴绝缘手套拉闸断电；关闭药剂泵进口、出口阀门；切断药剂投加流程及供水流程；填写停运记录。

（5）注意事项

定期对加药罐进行清理，防止堵塞；在加药过程中必须佩戴劳动防护用品，防止药剂喷溅或药剂挥发对身体造成伤害；长期停运需放空加药流程及供水流程；更换药剂品种时，必须清洗药剂管线及加药泵，并进行清水置换。

12. 配电安全运行过程管理

（1）启运前检查

正确穿戴劳保用品，作业前认真进行危害辨识和风险分析，落实必要的风险削减措施，严格执行操作规程；操作人员必须经过特殊工种作业培训并取得相应的证书，非专职电工不得进行合闸操作；配电室内要注意通风防漏、防水，备有二氧化碳灭火器；严禁带电操作，不得带负荷进行拉闸操作。

（2）启运

合闸送电操作规范：合上低压侧总闸刀开关→合上低压侧总空气开关→合上各分闸刀开关及负荷开关，确定整个线路无人进行操作，无短路操作。合闸后检查各仪表指示，并观察 5min。

（3）运行中检查

按期巡检、维护电气设备，应确保其正常运行，安全防护装置齐全，变配电室每两小时巡视一次，巡视中发现的问题要及时上报给队干部和相关业务部门；熔断器熔丝的额定电流要与设备或者线路的安装容量相匹配，不得随意加大；发生人身触电或火灾事故，值班人员应立即断开有关设备的电源，以便进行抢救。电气设备发生火灾时，应用四氯化碳灭火器或黄沙扑救，变压器起火时只有在全部停电后才能用泡沫灭火器扑救。

（4）停运

断开低压侧各分路负荷开关盒闸刀→断开低压侧总空气开关→断开低压侧总闸刀开关，悬挂"禁止合闸"警示牌。

（5）注意事项

每年定期检测接地装置的接地电阻，室外接地网≤4Ω，母线避雷器、设备外壳接地≤10Ω，做好测量记录；接地引线外露部分，每年涂漆一次，其入土 300mm 部分，每五年检查一次腐蚀情况，并做好记录；母线导线接头≤80℃，刀闸接触部分≤70℃，仪表互感器外壳≤65℃，电机温升<60℃；对变压器、高压电动机、电力电容，不允许脱离保护运行，若工作需要，最长不得脱离保护运行 15min。

13. 多重聚结过滤器运行过程管理

（1）启运前检查

正确穿戴劳保用品，作业前认真进行危害辨识和风险分析，落实必要的风险削减措施，严格执行操作规程；运行流程（装置处于安装调试就绪状态）；检查所有手动阀门，除三只罐底排泥阀关闭外，其他全部打开；控制柜"手动/自动"开关打在手动位置，设备上电，PLC 系统初始化后，通过屏幕流程工艺图，显示所有程控阀门除跨越阀和排气阀打开外，其他应处于关闭状态；确认聚结过滤罐充水来源：注水水罐或者前级污水罐（首选滤后水）；通过 HMI 触摸屏操作界面，打开前排污阀，如果充罐水来自三相分离器，则打开前进水阀，如果充罐水来自注水罐，可以通过"一键充液"完成罐内充液，也可手动操作充液，具体操作：给前室充液，充液过程中观测前室油水界面仪油位，当油位由最大变为接近"0"时，说明前室已充满，打开后排污阀，打开中间阀，关闭前排污阀，给后室充液，充液过程中观测后室油水界面仪油位，当油位由最大变为接近"0"时，说明后室已充满；充满后，打开前排污阀，保持后排污阀打开，其他阀关闭静止 6~12h，对滤材进行活化、排气，活化结束，准备就绪。

（2）自动运行

自动制水：控制柜"手动/自动"开关切到自动位置，装置将进入自动制水过程，无须人工干预；自动排油：PLC 自控系统通过油水界面仪实时检测油位，当达到设定上限时，系统自动打开排油阀，当油位到达设定的下限时，系统自动关闭排油阀，排油结束；自动反冲洗：前室或后室进行反冲洗时，首先进行自动排油，排油后执行室的反冲洗工作，一个室反冲洗时另外一个继续制水，反冲洗结束后恢复到正常制水状态，前后两室反冲洗通常错时 12h 进行；滤床滤料罐外循环清洗：滤床的滤料为核桃壳颗粒，为避免滤床可能出现的板结问题，装置配套了罐外滤料循环清洗系统，滤料罐外循环清洗前，先对聚结过滤罐进行反冲洗操作，完成后再开始循环清洗。

滤料罐外循环清洗周期设定为后室反冲洗周期的整数倍，通常为反冲洗周期的 2~5 倍，即 2~5 天。到达滤料循环开始时间后，系统在完成后室自动反冲洗操作后，立即开始滤料循环操作，关闭进气阀，打开排气阀，停反冲洗水泵，关闭，开启后滤料进口阀门和滤料出口阀门，启动滤料循环泵，按设定时间进行后室滤床滤料的罐外循环操作，最后再次进行短时（通常为 2min）反冲洗操作，滤料罐外循环结束后，按照反序反向操作各阀门，完成滤料循环清洗。自动进入自动制水工作。

（3）手动操作

控制柜"手动/自动"开关切到手动位置，装置将进入手动操作模式。手动操作包括：点动模式、一键反冲洗、一键充液、一键排液、一键滤料循环、补料操作、排泥沙、装置维护、停机。

① 点动模式

该模式下、通过操作 HMI 触摸屏可对所有阀门进行手动关闭和开启操作。为防止出现安全事故，有些阀门仍处于安全联锁状态，当对这些阀门操作时，系统将给出警示，不会执行对这些阀门的手动操作。在触摸屏上操作阀门时，操作后要等待 20~60s（阀门的开启或者关闭动作时间），直到阀门的状态指示改变；如果超过时限，阀门状态未改变，系统则认为该阀门出现故障，并报警或者开启联锁保护，应及时进行维护。为保证设备的安全运行，未经授权，严禁非专业人员进行手动操作。

② 一键反冲洗、一键充液、一键排液、一键滤料循环

在手动状态，系统设有一键操作功能，系统在判定可以执行的条件下，自动完成一键操作。当然这些操作完全可以通过点动操作全部由人工操作完成。

③ 补料操作

后室滤床的核桃壳滤料损耗状态可以通过罐体上的观察孔进行查验，如果滤料已经到达观察口下沿位置，则需要进行补料操作，通常补料操作一年进行一次，一次补料 $0.5m^3$ 左右，补料操作不要在环境最低温度低于5℃的季节进行。

补料前的准备工作：按滤料规格要求，给料仓添加 1/3 料仓核桃壳滤料，打开手动阀门，充水至料仓上部 2/3 处，关闭手动阀门，用搅动棒搅动仓内滤料使之与水充分混合，放置 6~8h 再进行补料操作。

补料操作既可以在手动模式下操作，也可以在自动模式下操作，料仓旁边设有操作盒，按下补料操作按钮，等待补料指示灯亮起，打开料仓进水阀门，启动滤料循环泵，观察当仓内滤料剩余较少时，关闭滤料循环泵、关闭料仓进水阀门，完成第一次补料操作，然后再进行第二次补料操作。

④ 装置维护

罐底排泥砂后，装置在手动状态下，通过触摸屏选择进入维护状态，装置在运行过程中，当装置的阀门或仪表或工作状态出现问题时，自动控制系统将自动分析诊断，依据诊断结果进行报警和联锁，在判定

无法正常工作的情况，自动控制系统首先完成对聚结过滤罐的排油操作，排油结束后，装置的超越阀打开，关闭聚结过滤罐进出管道的所有阀门，进入手动运行模式，进入等待维修状态。装置维护前首先切断电源，检查无误后，方可进行维护操作。

⑤ 停机

设备进入停机程序，首先完成罐内排液，按下一键排液，为排空罐内残留液体，间隔一段时间后可以多次"一键排液"，直到彻底排空。然后再进行管道排空，管道低位处设有排液手阀，逐个打开进行排液，如需要可手动打开进气阀和相应的程控阀门，进行气扫排液。最后打开罐底的排泥阀，等待 4~6h，继续排出少量残留液体。冬季停机一定将管道和罐内的液体排出干净，否则极可能对装置造成冻害。

排液结束后，关闭总进气阀手阀、进水手阀、出水手阀、排污手阀，切断总电源。

（4）日常检查及定期维护

定期检查装置运行状态，尤其是反冲洗水泵和滤料循环泵的工作状态，观察在运行时是否振动偏大，是否有噪声等，如不正常，进行维修；检查泵的油位是否正常，油位低时加注润滑油；通过罐后室的玻璃观察孔，检查罐内滤料料位，如到达下限则需要补料；检查设备、管道是否有松动，是否存在泄漏点，紧固或维修；按照产品说明书对阀门等运动部件定期添加润滑脂；按照业主规定定期对测量仪表、安全阀进行检验；三个月进行一次罐底排泥砂操作。

（5）注意事项

操作前必须仔细阅读本操作手册；非持证电气维修人员不得擅自维修电气设备；系统启动前检查气源、水源、电源是否开启；开启、关闭阀门时应缓慢进行，到设定点为止，不可猛力冲击操作；对设备应定期进行检修；总电源或水泵接线更换之后，重新检查各水泵的运转方向；报警后一定要及时观察报警内容并及时处理。

14. 气提塔运行过程管理

（1）启运前检查

正确穿戴劳保用品，作业前认真进行危害辨识和风险分析，落实必要的风险削减措施，严格执行操作规程；确认制氮系统已正常运行；确认抽气压缩机待命工作且抽气压缩机后续流程的运行无碍；确认后续过滤器橇块可以正常运行或可以进行超越流程并不对过滤器橇块后续流程造成影响；检查所有手动阀门，除超越阀门及安全阀常关、锁关阀门和提升泵出口手动闸阀关闭外，其他阀门全部打开；控制柜"手动/自动"开关打在手动位置，设备上电，PLC 系统初始化后，通过屏幕流程工艺图，显示打开，流量计、差压计及仪表等状态正常；确认采出水气提塔橇块来水水源：多重聚结装置来水。

（2）启运

通过手动操作，系统开始充水：打开多重聚结装置出水阀门；系统开始充水后，密切观察液位高度，并在其显示后快速手动启动采出水提升泵，提升泵运行正常后手动缓慢打开提升泵出口手动闸阀，调整该阀门开度确保液位稳定；缓慢打开氮气储罐出口阀门，使气提气缓慢通过流量计、流量调节阀进入气提塔，密切关注塔内振动、噪声等情况；小流量气提气操作稳定后，持续增大气提气量的输入，同时监控数值，达到 1∶10 后，停止增加气提气量供应，在此期间，密切关注数值，通过调整采出水提升泵出口阀门开度，确保液位稳定；系统运行一段时间后，将控制柜"手动/自动"开关置于自动位置，密切监控运行情况，待稳定后即可正常运行；上游采出水来水压力偏低时，可以通过打开或调整反冲洗水回收泵出口进气提塔塔底阀门开度来确保塔底液位高度，确保采出水提升泵运行平稳。

（3）停运

将控制柜"手动/自动"开关切换到手动位置；依次关闭入口闸阀和入口闸阀，关闭入口闸阀的同时关闭抽气压缩机；关闭入口闸阀后密切关注显示数值，并在合理液位处同时关闭反冲洗水回收泵出口进气提塔塔底阀门和采出水提升泵及泵出口阀门；关闭系统总电源；对于停车装置，根据冲砂流程和相关操作规程进行操作即可。

（4）日常检查及定期维护

定期检查装置运行状态，尤其是采出水提升泵的工作状态，观察在运行时是否振动偏大，是否有噪声等，如不正常，进行维修；检查泵的油位是否正常，油位低时加注润滑油；根据填料说明书及使用要求检查判定塔内填料是否堵塞，如到达上限则需要更新；检查设备、管道是否有松动，是否存在泄漏点，紧固或维修；按照产品说明书对阀门等运动部件定期添加润滑脂；按照业主规定定期对测量仪表、安全阀进行检验。

（5）注意事项

操作前必须仔细阅读操作手册；非持证电气维修人员不得擅自维修电气设备；系统启动前检查气源、水源、电源是否开启；开启、关闭阀门时应缓慢进行，到设定点为止，不可猛力冲击操作；对设备应定期进行检修；总电源或水泵接线更换之后，重新检查各水泵的运转方向；报警后一定要及时分析报警内容并及时处理。

15. 制氮及压缩空气橇运行过程管理

（1）启运前检查

正确穿戴劳保用品，作业前认真进行危害辨识和风险分析，落实必要的风险削减措施，严格执行操作规程。

（2）启运

打开冷干机电源，预冷 3~5min；空压机开启，压缩空气进入空气储罐，各压力表指示逐渐上升；待空气缓冲罐压力升高至 0.6MPa 后，经冷干机、过滤器和无热再生干燥器处理后打开控制柜上的电源开关，启动变压吸附制氮机，即可进入正常的工作状态；待氮气储气罐压力达到 0.6MPa 后，然后缓慢打开放空阀，这时可观察到流量计浮子上升，调整氮气流量为用户要求流量；打开取样阀，调节流量，观察测氮气分析仪的氮含量指标，注意取样流量不要过大，一般 30min 后，进入稳定状态，调节氮气出口流量调节阀，可对氮气纯度进行一定调节；系统运行时注意观察制氮系统是否切换(可根据压力表的指示变化情况及工作流程动作指示确定)。

（3）停运

设备正常停车步骤：关闭制氮机电源开关；关闭氮气供气阀门，其他阀门不用关闭，若长期不用时才将各阀门关闭；关闭冷干机电源开关；关闭无热再生干燥器；关闭空压机电源(如空压机还为其他设备供气则不需关机)；关闭进入制氮机的压缩空气阀门；若长期不用时将系统各设备电源切断。

故障紧急停车步骤：关闭制氮机电源开关；关闭流量计下游阀门；

关闭空压机，冷干机、无热再生干燥器的电源开关，关闭氮气供气阀门，关闭进入制氮机的压缩空气阀门，打开空气、氮气缓冲罐排污阀放空。

操作注意事项：根据用气压力和用气量调节流量计前面的调压阀和流量计后的产氮阀，不要随意调大流量，以保证设备的正常运转；空气进气阀和氮气产气阀开度不宜过大，以保证纯度达到最佳；调试人员调节好的阀门不要随意转动，以免影响纯度；不要随意拆动电控柜内的电气元件、气动管道阀门；操作人员要定时查看机上压力表，对其压力变化作一个日常记录，以供设备故障分析；定期观察出口压力、流量计指示及氮气纯度，露点与性能表的值对照，发现问题及时解决；完整填写日常运行记录表。

（4）设备正常运行状态描述

电源指示灯亮，左吸，均压，右吸指示灯循环发亮指示制氮流程；制氮机左吸指示灯亮时，左吸附塔压力由均压时平衡压力逐渐升至最高，同时右吸附塔压力由均压时平衡压力逐渐降为零；均压指示灯亮时，左右吸附塔压力将一升一降逐渐达到两者平衡。

（5）日常检查及定期维护

每班定时检查空气过滤器；自动排污阀是否正常排污，发现异常应立即手动排污，并检修或更换自动排污阀；压差表指针是否在绿区，如在红区应更换空气过滤器的滤芯；每班定时检查排气消音器是否正常排空，注意排气消音器如有黑碳粉排出时说明碳分子筛粉化，应马上停机；检查压缩空气的进口压力、温度、露点、流量及含油量等是否正常；定时检查各仪表读数，发现不正常时执行"故障诊断指导表"及"使用与操作"步骤；检查控制气路的气源二连件压力是否在 0.4~0.6MPa 范围内；每 3 个月用肥皂水检查整机密封性能；每 6 个月检查气动阀是否正常动作；每 12 个月换氧分析仪的氧电极，换空气过滤器的滤芯；每 24 个月拆下气动阀清理，并在必要时更换密封圈，更换除油器罐内的活性炭；氧气分析仪、露点分析仪需定期进行标定，若分析仪显示准确，系统工作正常，当产品气达不到指标时，可考虑分子筛是否已失效，需由专业技术人员更换分子筛；PSA 系列变压吸附制氮机的过滤器芯需定期更换，如发现过滤器前后压差过大，必须及时更换过滤器滤芯。

（6）注意事项

更换过滤器芯应在系统停止运行时进行，并必须卸掉管路中的气压。否则，可能会导致严重的人身伤害。更换过滤器芯时，不能损坏或漏装起密封作用的金属压圈或"O"形密封圈。否则，过滤器将无法使用。此外，所有过滤器都有自动排污功能。但仍需每周检查一次自动排污装置。

四、采出液集中处理主要风险及管控措施

1. 采出液集中处理主要风险

集输处理站主要涉及介质为原油、天然气和混合介质的理化特性，可能发生的主要事故风险是设备设施（管道容器）的二氧化碳窒息风险、二氧化碳冻伤风险、电力系统异常故障以及火灾爆炸风险、管线压力异常五个主要方面风险，主要针对以上事故风险制定相应的应急处置措施，有针对性地做好防控工作。

2. 采出液集中处理主要风险的管控措施

（1）管道、仪表等材质选择

① 管道的材质选择

采出液集中处理部分金属材料管道的主要输送介质是二氧化碳、油气水混合物、天然气（含饱和水，不含游离水）、油田采出水、氮气、仪表风、药剂等。非金属管道的输送介质是油气水混合物、油田采出水。管道材料、管件及法兰等除应满足管道的设计条件（设计压力、设计温度、环境温度、各种荷载、结构要求）外，尚应满足管道对输送介质的耐受性（介质浓度、腐蚀性、氧化性、溶剂性等）的要求，同时须满足相应标准规范的要求。

② 仪表设备、材料的材质选择

测控仪表主要有温度、压力、流量、液位等。选择的仪表满足其所处位置的压力等级以及所处场所防护等级的要求，选择的仪表满足其所需的可靠性和精确度要求。现场仪表的选型原则遵守有关设计规范，选择技术先进、性能可靠、维护方便、适应当地环境条件、经济合理的现场仪表。

就地温度检测仪表采用双金属温度计，远传温度仪表采用一体化温

度变送器；外输泵及采出水提升泵进口就地压力指示仪表采用耐震真空压力表，二级三相分离器进口压力就地指示仪表采用膜盒式压力表，其他就地压力指示仪表采用弹簧管式压力（差压）表；远传压力仪表采用智能压力（差压）变送器；界面检测仪表选用射频导纳界面仪；三相分离器混合腔、油腔就地、放空分液罐液位就地指示仪表选用磁翻板液位计，放空分液罐、天然气分水器液位指示及检测仪表采用磁翻板液位计（带远传变送器）；三相分离器油腔液位检测仪表采用双法兰液位变送器；事故罐、污油罐液位检测远传仪表采用雷达液位计；天然气流量检测仪表采用旋进旋涡流量计；污水、清水流量检测仪表采用电磁流量计；原油流量检测仪表采用质量流量计；调节阀采用气动调节阀，配套气动执行机构；远程开关阀采用气动开关阀，配套气动执行机构；可燃气体泄漏及二氧化碳气体泄漏检测仪表采用红外式气体探测器（带现场声光报警功能），配套气体报警控制器；三相分离器油出口含水率检测仪表采用含水分析仪。

（2）防火防腐防爆的管控措施

① 自动控制系统

集输部分、水处理部分及注水部分测控参数通过站控系统上传至各站对应生产管控平台，注气部分及伴生气处理部分测控参数上传至注气单位新建生产管控平台。注气单位需成立前线指挥中心，满足生产监控调度、人员值班、食宿等要求。管控平台通过 SCADA 系统完成对整个区域生产数据的自动采集和监测，进行统一的调度、管理。各系统通过通信网络，将数据上传至生产管控平台。

② 火气探测系统

火气探测系统由气体检测报警系统（GDS）及火灾报警系统（FAS）组成。

③ 设备和管道的防腐措施

地上不保温的容器、设备、工艺管线、钢结构等外防腐涂料面漆颜色按各有关专业的要求执行。站内地上管道的外表面，用环氧富锌底漆、环氧云铁中间漆、丙烯酸聚氨酯面漆。站内地下管道的外表面用无溶剂液体环氧涂料。站内保温管道的外表面，用无溶剂液体环氧涂料。不保温不锈钢管线，用聚丙烯防腐胶带。

站外埋地注气管道，直管段为高温型普通级二层 PE 防腐层，其中保冷层为聚氨酯泡沫塑料层，防护层为聚乙烯夹克外护管。热煨弯管为无溶剂双组分液体环氧涂料防腐层，其保冷层为聚氨酯泡沫塑料层，其防护层为聚乙烯夹克外护管。防腐保温补口采用"无溶剂液体环氧涂料+聚乙烯热收缩补口带+聚氨酯泡沫保冷层+聚乙烯热收缩补口带"的结构，防腐层为无溶剂液体双组分环氧防腐涂料；高温型辐射交联聚乙烯热收缩补口带。防护层为辐射交联聚乙烯热收缩补口带，补口带采用固定片固定。

钢结构和管线的表面必须采用喷砂(丸)除锈，彻底清除钢材表面的铁锈、油污、氧化皮等。喷射处理后，应采用干燥、洁净、无油污的压缩空气进行吹扫。钢表面处理后应检测钢管表面盐分含量。表面处理合格后的钢表面，应尽快进行涂敷施工，防止表面返锈或二次污染。当钢表面出现返锈或二次污染时，应重新进行表面处理。为了了解和掌握站内腐蚀的状况及其发展变化趋势，及时发现存在的问题，对注气站内管线进行内腐蚀监测，通过金属挂片损耗确定整个试验周期内的平均腐蚀速度、腐蚀类型(点蚀或其他局部腐蚀)及腐蚀速率等参数。

④ 电气设施的防火防爆措施

处于爆炸危险场所的自控设备、仪表，防爆等级不低于 ExdIIBT4，室外设备防护等级不低于 IP65，室内设备防护等级不低于 IP54。处于爆炸危险区域内的仪表设备的电缆使用防爆挠性连接管进行连接。所有的仪表电缆为阻燃型电缆，电缆在火灾中被燃烧，在离开火源后残焰或残灼能很快自行熄灭。

⑤ 防雷防静电的措施

防直击雷。有爆炸危险的露天布置的钢质密闭设备、容器等，设防雷接地。当其壁厚不小于 4mm 时，不装设接闪器，设接地，接地点不少于两处，两接地点间距离不大于 30m，冲击接地电阻不大于 10Ω；当其壁厚小于 4mm 时，设避雷针(线)保护，箱变、值班室利用金属屋顶做接闪器，不设避雷带。

防雷电感应。平行敷设的管道、构架和电缆金属外皮等长金属物，其交叉净距小于 100mm 时采用金属线 BVR-16mm² 软铜绞线做跨接，跨接点的间距不大于 30m；其交叉净距小于 100mm 时，其交叉处也做跨接。

防雷击电磁脉冲。新增配电箱及防爆箱内设Ⅰ+Ⅱ级SPD。自控及通信机柜UPS电源配电箱设Ⅲ级SPD；自控以及通信机柜SPD由机柜自带；双层屏蔽信号电缆其备用芯及外铠装层两端均需接地。进出建筑物的金属管道、屋面金属构件及突出屋顶各造型的钢筋等金属构件就近接至接地装置，进出建筑物的电力电缆金属外护层、仪表电缆的屏蔽层及电、仪表设备外壳均可靠接地。电气接地系统、自控接地系统、防雷接地系统共用接地网。

防静电。管线的始、末端，分支处以及地上或管沟内敷设的管道，在进出装置或设施处、爆炸危险场所的边界、管道泵及其过滤器、缓冲器以及管道分支处均设防静电接地装置；直线段每隔$100\sim200m$处，设置防静电、防感应雷的接地装置；爆炸危险场所中凡生产储存过程有可能产生静电的管道、设备、金属导体等均做防静电接地；输气管线（包括整体配套工艺橇块上）的法兰（绝缘法兰除外）、阀门连接处，当连接螺栓数量少于5个时，采用$BVR-16mm^2$软铜绞线跨接。

接地。每组专设的防静电接地装置的接地电阻不宜大于10Ω；路边金属灯杆及人体放静电设施均应作可靠接地，接地电阻$\leqslant10\Omega$；沿建筑物四周设环形接地网，接地极采用热镀锌角钢，接地母线采用热镀锌扁钢，厂区接地网与设备直接相连的接地线采用镀锌扁钢；接地极间距不小于5m，埋深不低于0.7m；接地装置应在土建完工后尽快进行验收测试，若接地电阻不满足设计要求，应采取相应措施（如补打接地装置、扩大接地面积等），验收合格后方可投入运行；工艺装置区内的新增设备采用镀锌扁钢与接地网连接，接地电阻不大于4Ω；箱变、橇装值班室在靠近四个角的位置预留接地端子，以便连接到附近接地网；并设总等电位端子板，值班室内所有电气设备及自控工作接地箱、保护接地箱连接到总等电位端子板后，通过接地线与室外接地网连接。

⑥ 安全泄放设施

在各处理站和分气增压点设置放空立管，主要为设备放空，放空立管的口径根据站场设计规模及站内紧急放空气量两者中最大值计算，放空时马赫数不高于0.5，放空立管均取$DN200$。根据石油天然气工程设计防火规范，间歇排放的可燃气体放空管口，应高出10m范围内的平台或建筑物顶2.0m以上。对位于10m以外的平台或建筑物顶，应高出所在地面 5m。所以四个站场的放空立管高度均取 15m。

（3）防毒防化学伤害的安全措施的管控措施

在存在可燃气体、二氧化碳气体泄漏的装置区设置可燃气体探测器、二氧化碳气体探测器进行气体泄漏检测，将检测信号上传至控制值班室的气体报警器，当气体浓度达到上限时报警，并将报警信号通过硬接线上传至站控系统；并对检测和报警系统进行定期检查，确保灵敏可靠。

（4）防范其他危险危害因素的管控措施

防高处坠落：为防止高处坠落等意外伤害事故的发生，在可能发生高处坠落危险的工作场所，按规定设置便于操作、巡检和维修作业的扶梯、工作平台、防护栏杆、护栏、安全盖板等安全设施，对于平台、梯子和易滑倒的操作通道均设置防滑设施。

防机械伤害：所有泵、压缩机、风机等转动设备的传动部分，均设安全可行的保护设施。

防高温烫伤：对站内高温的设备、管道，均采取保温隔热措施。凡高温(外表面温度超过 60℃)设备及管道在距地面或操作台高度 2.1m 以内者或距操作平台 0.75m 以内者，一律采用隔热材料隔离，以防烫伤。采暖供热系统中换热器等设备的操作温度大于 60℃ 的管路设保护层防烫。

防噪声：噪声主要是压缩机、泵等设备运转噪声。所选机泵噪声均应低于 85dB；此外，通过墙体隔音及距离衰减等方式减轻噪声对周围声环境的影响；操作人员配备耳罩、耳塞等劳动防护用品，以减轻噪声危害。

防中毒窒息：在有可能产生有毒气体的设备房间内设有通风措施，所有设备露天设置，通风良好；检修作业人员主要进行设备或管道的检查和简单的维护(阀门、螺帽等加固)，作业人员主要采取个体防护，佩戴二氧化碳报警仪，当进行大修时，作业区将关闭进口，放空并进行置换后开展维修作业；制定密闭空间作业操作规程，对清洗、维修等可能存在的密闭作业空间，进行通风处理，并严格按照密闭空间作业操作规程，设置监护者在密闭空间外持续进行监护，同时做好防护措施，配备必要的空气呼吸器、防毒口罩等个人应急防护用品。

五、采出液集中处理应急处置

1. 二氧化碳窒息、冻伤事件应急处置

（1）发现确认：生产监控岗通过 PCS 系统发现现场发生二氧化碳窒息事件，通知技术部门、调度室及班站进行分析研判和现场核实；班站员工通过日常巡线，或根据调度室指令进行异常巡检，发现或确认现场情况；生产监控岗根据技术部门分析研判结果以及班站现场核实情况，确认现场事故情况，并向值班领导汇报。

（2）报警报告：生产监控岗根据值班领导指令，立即通知抢险人员，并向调度室汇报，汇报内容包括事发时间、事故地点、设备设施名称、涉及的危险物质、周边环境、事件初期处置情况、人员伤亡情况、联系人及电话等。

（3）岗位处置：班站岗位人员根据班站值班干部指令，关停事故周围相关设备设施；班站值班干部组织岗位员工，在保证自身安全的前提下，安排将受伤人员转移至安全位置等现场处置工作；班站岗位人员核实导致人员窒息原因，做好现场警戒，防止无关人员入内；班站值班干部根据现场处置情况，及时向调度室汇报处置进度或请求增援。

（4）应急响应：生产监控岗通知抢险人员携带正压式呼吸器、防冻服、防冻帽、护眼罩等应急物资及装备赶赴现场，由运维站组织堵漏专班赶。

（5）工艺调整：生产监控岗按应急指令实施远程停泵，并由班站值班人员对远程停泵失败的外输泵进行人工停泵，同时由班站值班人员关闭相关流程闸门；班站值班人员组织关停外输泵对应外输管线闸门；上级生产指挥中心综合管控岗对接管理区中心现场负责人，协调关停生产设备设施、切断电源和气源、降压运行、切换流程。

（6）条件确认：上级生产指挥中心安全管理岗佩戴正压式空气呼吸器，使用便携式检测仪在事故或灾害现场下风口进行有毒有害气体检测，研判应急处置条件，确定安全范围，并进行持续监测；警戒疏散组根据确定的安全范围，若存在泄漏情况使用隔离围挡对抢险现场进行封闭，并做好现场警戒，防止无关人员进入。

（7）现场处置：现场处置组采取就地取土筑坝、垒沙袋等方式对泄漏处周边进行围堵，并使用自吸车辆及时回收泄漏油污，控制污染进一步扩大；施救人员佩戴正压式空气呼吸器等防护装备将倒地人员拖离至安全区域，保证区域通风良好；检查受伤人员，呼喊受伤人员进行意识确认；对受伤人员进行心肺按压帮助其恢复意识，等待"120"急救人员到来；将受伤人员转交"120"急救人员施救。

（8）后期处置：漏位置完毕后，由调度室通知班站及相关班站值班人员组织倒流程试压；试压合格后，生产监控岗按应急指令实施远程启泵，并由值班人员实施远程启泵或者进行人工启泵；生产监控岗对接现场负责人，协调开启生产设备设施、切换流程、恢复运行；现场处置组组织自吸车或倒液罐将泄漏出的油污全部收集完毕，转运至卸油台，同时使用吸油毡吸附水体表面残余污染物；现场处置组妥善组织回收使用后的拖油栏、吸油毡、油泥砂等危险废物转运至油泥砂贮存池；由上级生产指挥中心环保管理岗组织对泄漏点周边水体、土壤进行取样，并送至技术检测中心等专业机构进行检测，确保达到环保要求。

（9）应急终止：现场指挥确认受伤人员得到专业救护，现场泄漏已封堵，环境检测合格，污染物得到收集转运，生产恢复正常后，宣布应急终止。

2. 电力系统异常应急处置

（1）发现异常：班站值班人员巡检或通过生产信息化系统发现生产异常后，通过对讲机或座机向班站长汇报，班站长组织现场确认。

（2）报警报告：班站长组织班站值班人员对异常原因进行初步分析，并通过座机向调度室汇报。

（3）岗位处置：班站长组织生产、技术、安全人员和岗位人员通过DCS、PCS等系统对生产异常的原因进行初步分析和排查，对故障进行消除；密切关注异常变化情况，做好应急准备。

（4）应急响应：当接到基层班站汇报或生产信息化系统发现的现场异常情况确认后，调度室立即电话向三级单位义务应急队队长（夜间和节假日向值班领导）汇报；调度室接到汇报后，立即向应急总指挥汇报，并根据指令通知相关专业技术人员和义务应急队员赶到现场；应急总指挥召集生产指挥中心和技术部门负责人前往现场，分析研判生产参数异常的原因、可能影响的区域和可能衍生的事故事件；组织义务应急队员协助岗位人员开展排查；根据现场事故事件类型，启动相应现场应急处置方案，组织抢险车辆、人员、器材、专业化施工单位赶赴现场，调整工艺流程、开展抢险救援工作。

（5）现场处置：根据现场情况对处置方案进行调整，合理布置分析、抢险、协调技术人员和力量，排除异常；组织信息化运维人员对仪器仪表、网络通信故障及时进行排除，并将处置情况上报应急总指挥；根据应急总指挥指令，组织现场处置，如无法处置，协调专业队伍进行处置。

（6）后期处置：异常事件处置结束后，组织恢复生产。

（7）应急终止：确认受伤人员得到专业救护，异常情况有效排除，环境检测合格，污染物得到收集转运，生产恢复正常。

3. 火灾爆炸应急处置

（1）发现确认：班站值班人员巡检或通过生产信息化系统发现着火爆炸后，通过对讲机或座机向班站长汇报。

（2）报警报告：班站长立即通过座机向调度室汇报，并立即向消防大队报警。

（3）岗位处置：在火势较小时，使用灭火器材对着火点进行扑灭；当火势较大、使用灭火器无法扑灭时，在确保自身安全的前提下，按流程切断着火爆炸设备和电源，搜救受伤人员，并组织着火部位周边岗位人员及施工作业人员紧急撤离；在路口引导消防、救护车辆。

（4）应急响应：当接到基层班站汇报后，调度室立即电话向义务应急队队长（夜间和节假日向值班领导）汇报，根据义务应急队队长（值班领导）指令，通知单位义务应急队队员，并通过生产指挥系统向二级应急指挥中心（生产管理部调度室）汇报，同时向事发地乡镇（街道办事处）负有应急管理职责的部门汇报；义务应急队队长组织义务应急队赶赴现场，根据风向设置有明显标识的现场应急指挥部。

（5）工艺调整：生产技术部门和班站值班人员根据现场火情，对着火点涉及的周边设备的功能进行关断、切换流程处置；生产技术部门和基层班站通知上游管理区、上下游接转站进行停输、停井。

（6）条件确认：生产部门和班站安全管理人员对抢险现场进行有毒有害气体检测，确定安全范围；综合管理室和巡护站根据火灾发生地点，确定火灾可能影响范围，设立警戒区，设置警戒带、隔离围挡，阻止无关人员进入或拍照；安排专人负责信息联络，随时向生产部门报告处置进展；综合管理室和巡护站组织无关人员和车辆撤离至安全区域，并清点人数。

（7）现场处置：受伤者实施救护并及时送往医院，向现场指挥报告人员伤害情况；义务应急队、班站值班人员利用消防器材对着火点进行扑救；切换流程减少着火点物料供给，切断与其他危险点（源）相关的流程和连接；综合管理室和巡护站在路口或站库门岗处对消防、医疗等救援车辆进行引导，做好应急通道疏导，确保救援车辆通道畅通；应急救援中心到达现场后，向指挥部报到，汇报灭火作战方案，灭火作战指挥并入现场指挥部；义务应急队队长向应急救援中心通报现场当前应急处置情况；现场指挥部研判现场火情，义务应急队配合应急救援中心根据现场情况对灭火作战方案进行调整，提供应急处置技术支持，合理布置抢险、消防人员和力量，调动应急抢险物资；应急救援中心按照灭火作战方案组织开展灭火作战；义务应急队队员、班站值班人员根据应急救援中心灭火作战指令，配合做好相邻设备设施冷却降温工作；生产技术部门和班站值班人员根据火情发展情况，及时向指挥部汇报工艺调整方案并组织实施；生产部门和班站安全管理人员佩戴正压式空气呼吸器，携带便携式气体检测仪全程对现场进行可燃、有毒有害气体检测、分析，并随时向现场指挥汇报现场检测情况。

（8）扩大应急：当发生火灾爆炸时；危险化学品泄漏引发火灾爆炸时；火势在 20min 内能有效控制，但可能造成较大人员伤亡、财产损失、社会影响，或使周边生产设施大面积停产，或导致其他较大次生灾害时；需紧急转移、疏散、安置 100 人以上时，需立即上报二级应急指挥中心启动厂级响应程序。

（9）后期处置：现场余火扑灭后，清点人数，清理现场；有泄漏油品时，用专用容器将泄漏出的油品抽入容器内收集，转运至其他站库卸油台；消防废水全部回收至本站的采出水处理系统；清理现场落地油污，对产生的油泥砂等危险废物及时转运至其他站库；对事件周边水体、土壤进行取样检测，达到环保要求；根据现场实际情况，恢复生产。

（10）应急终止：确认受伤人员得到专业救护，余火已全部扑灭，环境检测合格，污染物得到收集转运，生产恢复正常。

4. 管道压力异常应急处置

（1）发现确认：班站值班人员巡检或通过生产信息化系统发现生产异常后，对异常原因进行初步分析，并通过对讲机或座机向班站长汇报，班站长组织现场确认。

（2）报警报告：班站长确认为生产安全事件后立即通过座机向调度室汇报。

（3）岗位处置：关断事故罐进出口流程，对泄漏储罐和设备设施采取倒罐、置换、泄压等手段进行抑爆，防止发生次生、衍生事故；控制泄漏量、防止污染扩大；做好现场警戒，防止无关人员入内；在保证自身安全的前提下，按照现场应急处置方案要求，做好事故现场故障排除和人员搜救工作。

（4）应急响应：当接到基层班站汇报后，调度室立即电话向义务应急队队长(夜间和节假日向值班领导)汇报，根据义务应急队队长(值班领导)指令，通知中心义务应急队队员，并通过生产指挥系统向二级应急指挥中心(生产管理部调度室)汇报，同时向事发地乡镇(街道办事处)负有应急管理职责的部门汇报；义务应急队队长组织义务应急队赶赴现场，根据风向设置有明显标识的现场应急指挥部。

（5）工艺调整：生产技术部门和班站值班人员根据现场情况，转移(倒流程减少物料等工艺处置)、切断与其他危险点(源)相关的流程和连接；合理布置初期抢险、消防人员和力量，对泄漏点进行通风；对泄漏点涉及的周边设备的功能进行关断、补水、降罐位或切换流程处置；对泄漏储罐和设备设施采取倒罐、置换、泄压等手段进行抑爆，防止发生次生、衍生事故；现场指挥部根据事态发展实际，报上级管理部门，建议生产管理部通知相关上游管理区、上游接转站进行停井、停输。

（6）条件确认：生产部门和班站安全管理人员对抢险现场进行有毒有害气体检测，确定安全范围；综合管理室和巡护站根据泄漏发生地点，确定泄漏可能影响范围，设立警戒区，设置警戒带、隔离围挡，阻止无关人员进入或拍照；安排专人负责信息联络，随时向生产部门报告处置进展；综合管理室和巡护站组织无关人员和车辆撤离至安全区域，并清点人数。

（7）现场处置：综合管理室对现场受伤者实施救护并及时送往医院，向现场指挥报告人员伤害情况；值班人员密切关注储罐罐位、压力、泄漏发展态势，围堵泄漏介质，防止污染扩散；控制火种，防止发生次生、衍生事故；义务应急队、班站值班人员做好消防应对准备；综合管理室和巡护站在路口或站库门岗处对消防、医疗、维修堵漏等救援车辆及人员进行引导，做好应急通道疏导，确保救援车辆通道畅通；专业维修、堵漏队伍到达现场后，向指挥部报到，汇报堵漏作战方案，堵漏作战指挥并入现场指挥部；义务应急队队长向堵漏作战指挥通报现场当前应急处置情况；现场指挥部研判堵漏作战方案，义务应急队配合专业维修、堵漏队伍根据现场情况对堵漏作战方案进行调整，提供应急处置技术支持，合理布置抢险、协调消防人员和力量，调动应急抢险物资；专业维修、堵漏队伍按照堵漏作战方案组织开展堵漏作业；义务应急队队员和班站值班人员根据堵漏作战指令，配合做好相关检测、消防、观察、防护等工作；生产技术部门和班站值班人员根据堵漏作业发展情况，及时向指挥部汇报工艺调整方案并组织实施(如引发火灾、爆炸时，同时启动《火灾爆炸应急预案》)；生产部门人员和班站安全管理人员佩戴正压式空气呼吸器，携带便携式气体检测仪全程对现场可燃、有毒有害气体进行检测、分析，并随时向现场指挥汇报现场检测情况。

（8）扩大应急：当发生罐体破裂，导致储存介质大面积泄漏时；储罐相连流程因外力作用造成损坏，无法有效控制时；需紧急转移、疏散、安置100人以上时，需立即上报二级应急指挥中心启动厂级响应程序。

（9）后期处置：现场堵漏作业完成后，清点人数，清理现场；将泄漏油品，用专用容器将泄漏出的油品抽入容器内收集，转运至卸油台；消防废水全部回收至本站的采出水处理系统；清理现场落地油污，对产生的油泥砂等危险废物及时转运至油泥砂贮存场；对事件周边水体、土壤进行取样检测，通过转运、置换、修复等方式，达到环保要求；根据现场实际情况，恢复生产。

（10）应急终止：确认受伤人员得到专业救护，现场泄漏已封堵，环境检测合格，污染物得到收集转运，生产恢复正常。

第二节　伴生气回注风险防控

一、伴生气回注工艺流程

采出液分离出的伴生气在通过压缩机增压、脱水橇块干燥后输至回注站，在站内设置回注压缩机，使伴生气经分离增压后进入调压计量橇分配计量，再通过单井管线回注地层。

二、伴生气回注主要设备设施

回注站主要设备包括进站分离器、回注压缩机、调压计量橇等，辅助生产设备有放空分液罐、放空立管、仪表风系统等。

1. 进站分离器

对进站的伴生气进行分离计量，同时也作为压缩机缓冲罐。进站分离器采用卧式分离器。

2. 回注压缩机

（1）选择原则

压缩机是回注工程的核心设备。在压缩机选型中秉承技术先进、经济合理的宗旨，压缩机组选型的具体原则为：选择的压缩机应能满足压气站各种工况要求，并适当留有发展余地，首先决定压缩机组的类型，再决定机组的型号规格；机组应工作可靠、操作灵活、可调范围宽(离心压缩机的稳定工况)、调节控制简单、有利于实现自动化；价格适当、寿命长、安装维修方便；热效率高、单位能耗低；机组的辅助设备尽可能简单；还应考虑机组的制造水平、供货周期以及配件的供应情况；压缩机的选择还要考虑工艺参数及所受现场地理环境的影响，主要包括天然气组分、热值、露点温度以及回注站所处位置的大气温度、相对湿度、海拔、周围电源情况、大气洁净程度等综合因素的影响；考虑机组的备用方案，备用方案要考虑机组的可靠性、方案的经济性以及使用维护的合理性。

（2）压缩机选择

离心式压缩机的优点是结构紧凑、质量小、体积小、单机排量大、占地面积小、运行效率高、稳定工况范围宽、叶轮不易磨损、噪声低、使用寿命长、维护费用低。缺点是流量和压力可调范围相对较窄，需避免喘振现象发生，压缩机单级压比低，流量、压力波动对机组效率影响较大。

螺杆式压缩机的优点是结构简单、可靠性高、操作维护方便、动力平衡性好、适应性强、单位排气量体积小，节省占地面积。缺点是出口压力低、长期运转后螺杆间隙会变大、定期修复或更换费用较大。

往复式压缩机的优点是单机压比高、机械效率高、流量调节范围宽、无喘振现象、适应性强。缺点是单机功率小，流量小；体积大，笨重；排气温度高，一般需降温处理；机组寿命短；运行维护费用高；输出压力有脉动，机组振动严重。

由于回注压缩机排压高、气量较小且压比较高、处理量相对不稳定，采用往复式压缩机能够较好地满足实际需要。

（3）压缩机驱动设备选择

一般来说天然气压缩机采用电动机、燃气轮机或燃气发动机三种。三种驱动方式在技术上均能满足使用需求，根据现场的实际情况，回注站目前具备电动机驱动的外电条件，但附近没有燃料气干线可依托，选用电动机驱动压缩机能够较好地满足实际需要。

3. 仪表风系统

为回注站进行仪表风供应。采用两台空气压缩机。后置一座仪表风储罐，满足回注站 15min 用风量需求。

三、伴生气回注主要风险及管控措施

1. 伴生气回注主要风险

（1）注气井口装置

在生产、输送伴生气的过程中，若井口装置本身材质存在缺陷，或管道、设备及阀门由于腐蚀、密封不严等原因泄漏，遇明火、火花、雷电或静电将引起着火；切割或焊接管道或阀门时，安全措施不当、电气设备损坏或导线短路均有可能导致火灾事故的发生。若注气井口存在缺陷，如阀门、法兰等焊接质量不合格，井口长期受介质的腐蚀等，或井口压力等级不匹配等，都会造成注气井口承压能力降低，当注气压力过

高时，井口装置易发生刺漏，设备有关部件飞出，会导致人员伤亡、设备损坏。

（2）注气管线

高压注气管线在运行过程中，由于外力作用或本身存在的材质缺陷、管道腐蚀等原因，注气管线可能发生穿孔甚至管道爆裂事故，一旦发生泄漏，易造成物体打击事故。

（3）分离器

分离器属于压力容器特种设备，发生事故主要原因包括：设计错误、容器结构不合理、选材不当、强度不足、制造缺陷、安装不符合技术要求以及运行中的超压、超负荷和操作不当，没有执行在用压力容器定期检验和安全等级评定，导致压力容器失效，从而引发事故。压力容器的操作条件的频繁波动，对容器的抗疲劳破坏性能不利，过高的加载速度会降低材料的断裂韧性，即使容器存在微小缺陷，也可能在压力的快速冲击而发生脆性断裂。压力容器运行过程中如果发生误操作、过量冲载且安全保护装置失效，都会导致压力容器的压力升高，以至于超载，进而可能引发爆炸事故，一旦发生爆炸破裂，不但设备遭到严重破坏，而且往往波及很大的范围，毁坏周围的设备、设施，影响安全生产。

（4）回注压缩机

回注压缩机等机泵设备的主要危险有：

① 电机、电缆、控制箱漏电危险

电机内部绝缘损坏、绝缘能力降低和电机接线损坏等情况会使电机漏电产生危险；电缆的老化、轧伤、碰损等都会产生漏电危险，漏电电缆接触地面有造成跨步电压触电危险；控制箱内的电气线路老化、损坏和绝缘能力降低等原因，可能造成其外壳或操作的开关部分带电产生危险。采油井场职工和外部其他人员一旦接触带电部位，易发生电击和电伤事故，重则造成触电死亡。

② 机械伤害危险

机泵设备在运行状态下，巡检人员巡回检查或其他外部人员不小心接触到电机的旋转部位，就可能造成皮带挤手或皮带轮绞住工作服进而把人绞伤事故，女职工的长发绞入皮带轮会造成伤亡事故等。对机械设备进行检修时，由于设备未可靠停死、刹车失灵、误操作、未可靠断电、违章送电等，发生机械设备意外启动，引发机械伤害。

③ 物体打击危险

若设备选型、安装上有缺陷，当设备承压超过极限承压，有可能导致高压液体泄漏伤人事故。尤其在异常超高压的情况下，在超过其承受极限的情况下，将导致不牢固部件飞出伤人。

（5）放空立管

放空立管在放空的过程中，可燃性气体在扩散区域内一旦被意外点燃，可能发生火灾甚至爆炸事故。若放空立管安装基础不牢，可能发生倾倒伤人事故。

2. 伴生气回注主要风险的管控措施

（1）管道、仪表等材质选择的管控措施

① 管道的材质选择

伴生气回注部分主要管道的输送介质是伴生气（不含水）、伴生气凝液、仪表风等。管道材料、管件及法兰等除满足管道的设计条件（设计压力、设计温度、结构要求）外，还满足管道的腐蚀性、耐磨性的要求，同时须满足相应标准规范的要求。

② 仪表设备、材料的材质选择

测控仪表主要有温度、压力、流量、液位等。选择的仪表满足其所处位置的压力等级以及所处场所防护等级的要求，选择的仪表满足其所需的可靠性和精确度要求。现场仪表的选型原则遵守有关设计规范，选择技术先进、性能可靠、维护方便、适应当地环境条件、经济合理的现场仪表。仪表设备的设计选型尽量统一，选用设备的制造厂家尽量少，便于维修维护、购买备件和厂家售后服务。

就地温度检测仪表采用双金属温度计，远传温度仪表采用一体化温度变送器；就地压力指示仪表采用弹簧管式压力（差压）表，远传压力仪表采用智能压力（差压）变送器；分水器液位指示及检测仪表采用磁翻板液位计（带远传变送器），分离器液位检测仪表采用双法兰液位变送器；天然气流量检测仪表采用旋进旋涡流量计；远程开关阀采用气动开关阀，配套气动执行机构；可燃气体泄漏及二氧化碳气体泄漏检测仪表采用红外式气体探测器（带现场声光报警功能），配套气体报警控制器。

（2）防火防爆的管控措施

① 自动控制系统和紧急停车系统

回注站中控室新建 PLC 控制系统，完成现场仪表检测信号的采集、处理、报警、显示等功能。注气压缩机橇及调压计量橇自带 PLC 控制柜，橇内数据通过 RS-485 接入站控系统，操作站可完成橇块参数的显示及控制功能。站外注气井采用 4G 无线仪表，数据统一传输至管理局 DMZ 服务器，经局域网传输至回注站，并上传至前线指挥中心。

② 火气探测系统

在可燃气体存在泄漏区域设可燃气体探测器，探测器探测信号上传至机柜间可燃气体报警控制器，一级超限报警信号（25%LEL）、二级超限报警信号（50%LEL）上传至 SIS 系统 FGS 部分，主要实现全站的可燃气体泄漏检测、可燃气体浓度显示及超限报警等功能，并根据事故的严重程度和预定的事故处理联锁程序自动或手动启动相应的应急措施，如关闭生产系统等。

③ 电气设施的防火防爆措施

处于爆炸危险场所的自控设备、仪表，防爆等级不低于 ExdIIBT4，室外设备防护等级不低于 IP65，室内设备防护等级不低于 IP54。处于爆炸危险区域内的仪表设备的电缆使用防爆挠性连接管进行连接。所有的仪表电缆为阻燃型电缆，电缆在火灾中被燃烧，在离开火源后残焰或残灼能很快自行熄灭。

④ 防雷防静电的措施

防直击雷：有爆炸危险的露天布置的钢质密闭设备、容器等，设防雷接地。当其壁厚不小于 4mm 时，不装设接闪器，设接地，接地点不少于两处，两接地点间距离不大于 30m，冲击接地电阻≤10Ω；当其壁厚小于 4mm 时，设避雷针（线）保护，箱变、值班室利用金属屋顶做接闪器，不设避雷带。

防雷电感应：平行敷设的管道、构架和电缆金属外皮等长金属物，其交叉净距小于 100mm 时采用金属线 BVR-16mm^2 软铜绞线做跨接，跨接点的间距不大于 30m；其交叉净距小于 100mm 时，其交叉处也做跨接。

防雷击电磁脉冲：新增配电箱及防爆箱内设 Ⅰ+Ⅱ 级 SPD。自控及通信机柜 UPS 电源配电箱设 Ⅲ 级 SPD；自控以及通信机柜 SPD 由机柜自带；双层屏蔽信号电缆其备用芯及外铠装层两端均需接地。进出建筑物的金属管道、屋面金属构件及突出屋顶各造型的钢筋等金属构件就近接至接地装置，进出建筑物的电力电缆金属外护层、仪表电缆的屏蔽层及电、仪表设备外壳均可靠接地。电气接地系统、自控接地系统、防雷接地系统共用接地网。

防静电：管线的始、末端，分支处以及地上或管沟内敷设的管道，在进出装置或设施处、爆炸危险场所的边界、管道泵及其过滤器、缓冲器以及管道分支处均设防静电接地装置；直线段每隔 100～200m 处，设置防静电、防感应雷的接地装置；爆炸危险场所中凡生产储存过程有可能产生静电的管道、设备、金属导体等均做防静电接地；输气管线（包括整体配套工艺橇块上）的法兰（绝缘法兰除外）、阀门连接处，当连接螺栓数量少于 5 个时，采用 BVR-16mm² 软铜绞线跨接。

接地：每组专设的防静电接地装置的接地电阻不宜大于 10Ω；路边金属灯杆及人体放静电设施均应作可靠接地，接地电阻≤10Ω；沿建筑物四周设环形接地网，接地极采用热镀锌角钢，接地母线采用热镀锌扁钢，厂区接地网与设备直接相连的接地线采用镀锌扁钢；接地极间距不小于 5m，埋深不低于 0.7m；接地装置应在土建完工后尽快进行验收测试，若接地电阻不满足设计要求，应采取相应措施（如补打接地装置、扩大接地面积等），验收合格后方可投入运行；工艺装置区内的新增设备采用镀锌扁钢与接地网连接，接地电阻不大于 4Ω；箱变、橇装值班室在靠近四个角的位置预留接地端子，以便连接到附近接地网；并设总等电位端子板，值班室内所有电气设备及自控工作接地箱、保护接地箱连接到总等电位端子板后，通过接地线与室外接地网连接。

⑤ 安全泄放设施

在回注站设放空立管，放空气主要为设备放空，放空立管的口径根据站场设计规模及站内紧急放空气量两者中最大值计算，放空时马赫数不高于 0.5。根据石油天然气工程设计防火规范，间歇排放的可燃气体放空管口，应高出 10m 范围内的平台或建筑物顶 2.0m 以上。对位于 10m 以外的平台或建筑物顶，应高出所在地面 5m。压力容器为进站分离器，分离器设安全阀 1 套，定压放空。

（3）防毒防化学伤害的安全措施的管控措施

在存在可燃气体泄漏的装置区设置可燃气体探测器进行气体泄漏检测，将检测信号上传至控制值班室的气体报警器，当气体浓度达到上限时报警，并将报警信号通过硬接线上传至站控系统；并对检测和报警系统进行定期检查，确保灵敏可靠。

（4）防范其他危险危害因素的管控措施

防高处坠落。为防止高处坠落等意外伤害事故的发生，在可能发生高处坠落危险的工作场所，按规定设置便于操作、巡检和维修作业的扶梯、工作平台、防护栏杆、护栏、安全盖板等安全设施，对于平台、梯子和易滑倒的操作通道均设置防滑设施。

防触电。为防止触电事故的发生，本装置所有电气设备均采用保护性接地，工艺生产装置均采用等电位接地，所有插座回路均采用漏电保护装置。

防机械伤害。所有泵、压缩机、风机等转动设备的传动部分，均设安全可行的保护设施。

防高温烫伤。对站内高温的设备、管道，均采取保温隔热措施。凡高温(外表面温度超过60℃)设备及管道在距地面或操作台高度2.1m以内者或距操作平台0.75m以内者，一律采用隔热材料隔离，以防烫伤。采暖供热系统中换热器等设备的操作温度大于60℃的管路设保护层防烫。

防噪声。噪声主要来自压缩机、泵等设备运转噪声。所选机泵噪声均低于85dB；此外，通过墙体隔音及距离衰减等方式减轻噪声对周围声环境的影响；操作人员配备耳罩、耳塞等劳动防护用品，以减轻噪声危害。

防中毒窒息。在有可能产生有毒气体的设备房间内设有通风措施，所有设备露天设置，通风良好；检修作业人员主要进行设备或管道的检查和简单的维护(阀门、螺帽等加固)，作业人员主要采取个体防护，佩带二氧化碳报警仪，当进行大修时，作业区将关闭进口，放空并进行置换后开展维修作业；制定密闭空间作业操作规程，对清洗、维修等可能存在的密闭作业空间，进行通风处理，并严格按照密闭空间作业操作规程，设置监护者在密闭空间外持续进行监护，同时做好防护措施，配备必要的空气呼吸器、防毒口罩等个人应急防护用品。

参 考 文 献

[1] 闫健, 林绍勇. 溴化锂制冷机组的工作原理及应用[J]. 通用机械, 2009(10): 40-42.

[2] 刘洋. 溴化锂空调在风电叶片生产中的应用[J]. 天津科技, 2013, 40(03): 20-21.

[3] 赵耀, 代彦军, 王如竹. 太阳能制冷讲座(6): 太阳能吸收式空调制冷技术(上) [J]. 太阳能, 2010(10): 19-21.

[4] 王高松. 乙烯装置火灾爆炸危险性分析及对策[J]. 化工管理, 2019(10): 173-174.

[5] 曹义新. 溴化锂吸收式冷水机组及其性能测试软件的研究[J]. 暖通空调, 2009, 39(09): 100-103.

[6] 王丽, 向继明, 柴巍. 二氧化碳回收应用及展望[J]. 四川化工, 2015, 18(06): 28-31.

[7] 吴用存. 浅析电制冷机组取代溴化锂制冷机组的可行性[J]. 科技资讯, 2010(05): 149-150.

[8] 胡忆沩. 带压密封工程导论[J]. 吉林化工学院学报, 2006(01): 39-43.

[9] 钟小木, 周明军. 输气管道分输站调压系统的优化设置[J]. 天然气与石油, 2005 (04): 27-30, 74.

[10] 徐志强, 迟彩云. 西气东输管道自动化系统设计[J]. 石油规划设计, 2006(03): 13-16, 51.

[11] 李顺丽. 二氧化碳节流特性与安全泄放控制方案研究[D]. 中国石油大学(华东), 2016.

[12] 戴兴旺, 牛铮, 范海俊, 姚佐权. 液态二氧化碳罐车的设计要点[J]. 化工机械, 2019, 46(01): 25-28, 98.

[13] 董超, 张超, 刘佳. 输油管道密闭输送水力状态与水击保护研究[J]. 化工管理, 2016(03): 152, 154.

[14] 杜槟. 二氧化碳封存场地三维地质建模及现场注入试验研究[D]. 中国地质大学 (北京), 2016.

[15] 张川. 油田注二氧化碳作业主要风险分析[J]. 石油化工安全环保技术, 2018, 34 (05): 40-42, 7.

［16］李兴，刘恒，陈陆钊，朱磊磊. 二氧化碳驱存在的主要风险和防控对策［J］. 化工管理，2015(23)：263.

［17］刘文军，刘李靖，刘鞠红霞. 化工厂雷击灾害风险评估［J］. 中国安全生产科学技术，2012，8(05)：141-145.

［18］张智庆，李凤宇，夏辉. 催化裂化压力容器安全技术分析［J］. 科技与企业，2013(13)：397.

［19］王丽朋，杨占君. 电站压力容器安全管理刍议［J］. 机电信息，2011(30)：77，79.

［20］王志安. 游梁式抽油机的危险分析与防范措施［J］. 安全、健康和环境，2006(08)：17-20.